KB046749

브랜뉴 샌드위치

특별공개!

요즘 핫한
샌드위치 맛집 레시피

135

시바타쇼텐 엮음 조수연 옮김

시그마북스
Sigma Books

クルート
キャベツ &
¥700

들어가며

일본의 샌드위치는 독자적으로 진화하고 있습니다. 거리의 베이커리와 샌드위치 전문점에는 다른 나라에서 볼 수 없는 다양한 샌드위치가 진열되어 있습니다. 빵은 식빵부터 바게트, 크루아상, 브리오슈, 가게만의 수제 효모 빵까지 가지각색입니다. 빵 사이에 넣는 재료도 천차만별입니다. 고기 샌드위치라 하면 닭고기, 소고기, 돼지고기부터 어린 양고기, 오리고기까지. 생선을 넣은 샌드위치는 흔히 쓰는 참치와 연어 외에도 새우, 문어, 가리비에 굴까지…. 한편, 동물성 재료를 전혀 넣지 않은 비건 샌드위치도 인기가 급상승 중입니다. 그런가 하면, 부댕 누아르, 푸아그라처럼 고급 재료를 넣어 하나의 프랑스 요리와 같은 샌드위치도 있습니다. 맛의 한 수가 되는 소스까지도 직접 만드는 가게가 늘고 있습니다.

샌드위치는 사용하는 빵에도, 속에 넣는 재료에도 한계가 없습니다. 아이디어에 따라 어디에도 없는 새로운 샌드위치를 만들 수 있습니다. 그것이 샌드위치의 매력이지요. 이 책에서는 요즘 인기 있는 베이커리와 샌드위치 전문점 17곳의 135가지 샌드위치를 상세한 레시피와 함께 소개합니다. 각 점포만의 특별한 레시피를 통해 최신 샌드위치 트렌드를 만나보세요.

CONTENTS

달걀·치킨 샌드위치

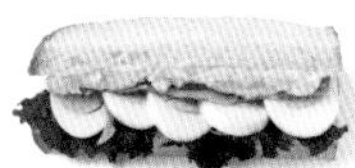

소고기, 돼지고기, 그 외 고기 샌드위치

내장, 가공육 샌드위치

해산물
샌드위치

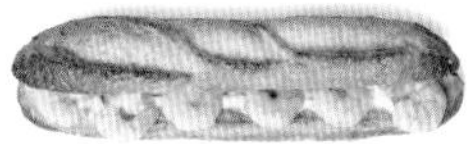

과일 & 디저트 샌드위치

이 책을 읽기 전에

이 책은 샌드위치 재료별로 목차가 구성되어 있습니다. 하나의 샌드위치에 여러 재료가 쓰인 경우는(예를 들어 달걀, 햄, 토마토 등) 주재료에 따라 분류합니다.

샌드위치 이름은 각 점포의 메뉴명을 기재합니다. 또한, 빵과 재료의 명칭은 취재한 점포의 호칭에 준합니다.

재료표는 재료를 조리하는 공정에서 사용하는 순서대로 기재합니다. 각 재료의 분량은 점포에서 만드는 방식에 따르며, 만들기 편한 분량을 표기합니다. 일부 재료의 분량은 생략합니다.

분량 단위는 1작은술=5㎖, 1큰술=15㎖입니다.

버터는 기본적으로 무염 버터를 사용합니다.

불 조절과 조리 시간은 어디까지나 기준입니다. 사용하는 기기의 화력과 성능에 맞게 적절히 조절하세요.

레시피와 취재 점포의 정보는 취재 당시(2023년 8월)의 내용에 따릅니다.

이 책은 당사에서 간행하는 무크「café-sweets vol.207(2021년 8~9월호)」에 실린 내용을 일부 재수록한 것입니다.

모든 각주는 옮긴이의 주입니다.

촬영
아마가타 하루코, 가토 다카후미, 가와시마 히데쓰구, 사카모토 도시미쓰, 사토 가쓰아키, 야스코치 사토시

디자인
시바 아키코, 니시다 네네(문교도안실)

취재, 편집 협조
사카네 료코, 사사키 리에, 사토 료코, 후세 메구미, 모로쿠라 노조미

교정
오오하타 가요코

편집
구로키 준, 이치이 아쓰코

달걀·치킨 샌드위치

BRAND-NEW SANDWICH

블랑 아 라 메종

지롤 버섯, 부추, 반숙 달걀

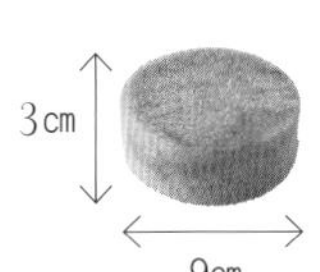

사용하는 빵

잉글리시 머핀

주재료인 구마모토산 미나미노카오리에 전립분을 배합했다. 물 대신 반죽 대비 82%의 생맥주와 콘그릿츠 탕종을 넣고, 건포도 효모와 미량의 이스트로 발효한다. 겉에 묻힌 구수한 콘그릿츠, 씁쓸한 맛과 향의 호프가 빵 맛을 살려준다.

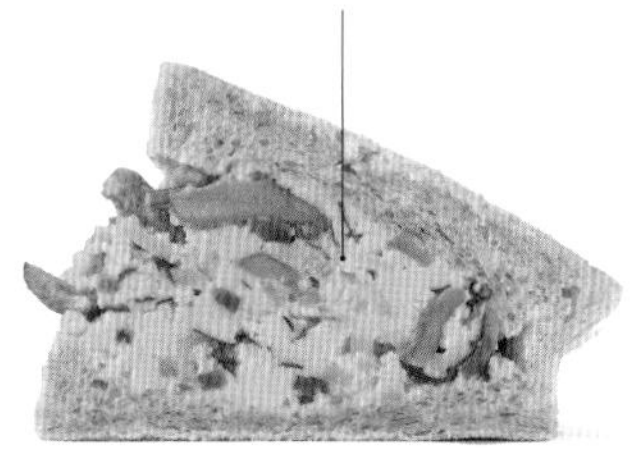

봄이 제철인 지롤 버섯과 부추, 베이컨을 넣은 오믈렛으로 계절감이 느껴지는 샌드위치. 지롤 버섯도 오믈렛도 질감이 촉촉해서, 콘그릿츠(굵은 옥수숫가루)로 구수한 식감과 풍미를 낸 빵에 담았다. 함께 먹으면 복합적인 맛이 느껴진다.

INGREDIENT

잉글리시 머핀 …… 1개
지롤 버섯 베이컨 부추 스크램블드에그*1 …… 60g

***1 지롤 버섯 베이컨 부추 스크램블드에그**

지롤 버섯 …… 20g
부추 …… 5g
달걀 …… 2개
생크림(유지방분 35%) …… 5g
파르메산 치즈 …… 적당량
소금 …… 적당량
베이컨 …… 10g
샐러드유, 버터 …… 적당량

1 지롤 버섯을 1/4로 자른다. 부추도 비슷한 길이로 썬다.
2 달걀을 풀고, 생크림, 파르메산 치즈, 소금을 넣어 섞는다. 먹기 좋은 크기로 썬 베이컨과 1의 지롤 버섯을 넣는다.
3 프라이팬에 샐러드유와 버터를 둘러 달구고, 부추를 볶는다.
4 3에 2를 넣고, 스크램블드에그를 만든다. 반숙으로 익으면 불을 끄고 식힌다.

HOW TO MAKE

1 빵에 가로로 칼집을 내고, 지롤 버섯 베이컨 부추 스크램블드에그를 넣는다.

비버 브레드

달걀 샌드위치

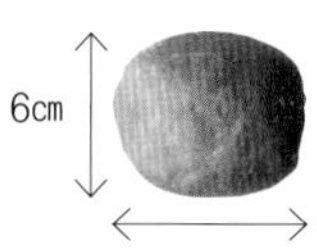

사용하는 빵

우유 소금빵

옛날식 프랑스 빵이 떠오르는 우유 반죽으로 가염 버터를 감싸서 노릇하게 구운 작은 빵. 버터가 녹아서 생긴 공간에 재료를 듬뿍 채워 넣을 수 있고, 버터를 바르는 수고도 덜 수 있다.

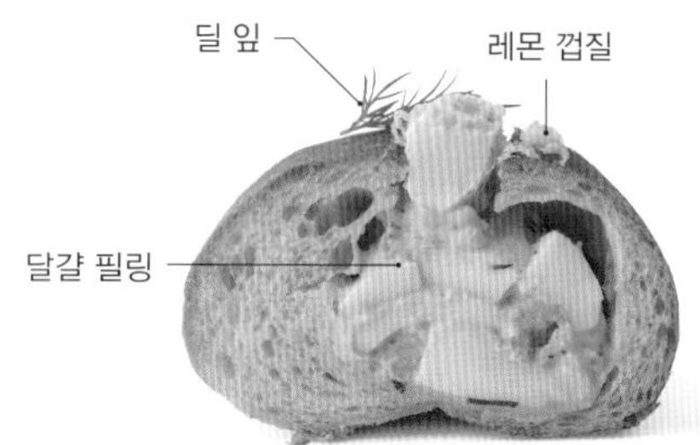

기본 달걀 샌드위치를 성인 취향으로 재해석했다. 삶은 달걀에 마요네즈, 레몬 껍질과 과즙, 딜을 넣어 깔끔한 산미가 인상적인 필링을 만들었다. 이를 버터 풍미가 가득한 작은 빵에 듬뿍 채워 넣고, 마무리로 레몬 껍질과 딜 잎을 곁들여 술과도 어울리는 산뜻한 맛을 냈다.

INGREDIENT

우유 소금빵 …… 1개
달걀 필링*1 …… 80g
레몬 껍질 …… 적당량
딜 잎 …… 적당량

***1 달걀 필링**

달걀 …… 3개
딜 …… 적당량
국산 레몬 껍질과 과즙
…… 1/4개 분량
마요네즈 …… 15g
모자반소금 …… 적당량

1 달걀을 찬물에 담가 불에 올리고, 끓으면 8분간 삶는다. 얼음물에 식혀서 껍질을 벗긴다. 키친타월로 감싸서 밀폐용기에 넣고, 냉장실에 하루 두어 물기를 뺀다.

2 1을 굵게 부수고, 딜은 잘게 다진다.

3 2를 볼에 담고, 레몬즙, 마요네즈, 모자반소금을 넣는다. 레몬 껍질을 강판으로 갈아서 넣고 섞는다.

HOW TO MAKE

1 빵 위에 칼집을 내고, 달걀 필링을 채워 넣는다.

2 강판으로 간 레몬 껍질을 뿌리고, 딜 잎을 올린다.

팽 스톡

두툼한 달걀말이

사용하는 빵

식빵 도그

11㎝

꿀과 요구르트를 넣어 풍미가 좋고, 입에서 살살 녹는 식빵 '팽 드 미 미엘'을 작은 도그로 성형한 빵. 장시간 발효해 쫄깃한 반죽은 재료의 수분이 잘 스며들지 않아 샌드위치에 적합하다.

폭신하게 구운 맛국물 달걀말이를 쫄깃하고 부드러운 식빵 도그 속에 넣은, 동양적 이미지의 샌드위치. 향긋함을 더하기 위해 차조기 잎과 김을 곁들이고, 듬뿍 올린 비지 소스에는 사가현 '미하라 두부집'의 생비지를 넣었다. 모두 동양적인 재료로 통일했다.

INGREDIENT

식빵 도그 …… 1개
수제 마요네즈*1 …… 2큰술
차조기 잎 …… 1장
맛국물 달걀말이(폭 3㎝로 썬 것)*2 …… 1조각
비지 소스*3 …… 적당량
조미 김(길쭉한 사각형) …… 적당량

***1 수제 마요네즈**

달걀노른자(100g), 쌀식초(50g), 꿀(40g), 홀그레인 머스터드(25g), 다시마차(분말, 20g)를 푸드프로세서로 갈아서 고루 섞는다. 카놀라유(1㎏)를 넣으며 갈아서 유화시킨다.

***2 맛국물 달걀말이**

달걀(8개), 그래뉴당(5g), 물(30g), 시로다시*(시판품, 18g)를 모두 볼에 넣고, 고루 섞는다(A). 달걀말이 팬에 카놀라유를 두르고 여분의 기름을 닦아낸 다음, A를 부어 넣는다. 휘저으면서 익히다가 90% 정도 익으면 끝부터 말아서 18×7㎝ 크기의 달걀말이를 만든다.

* 가다랑어포와 다시마를 우려낸 국물에 백간장, 설탕, 미림을 가미한 조미료.

***3 비지 소스**

달걀흰자(30g), 소금(적당량), 쌀식초(7g)를 볼에 넣고 핸드 블렌더로 갈아준다. 갈면서 카놀라유(80g)를 조금씩 넣으며 유화시킨다. 생비지(34g)를 넣고, 핸드 블렌더로 고루 섞는다.

HOW TO MAKE

1 빵에 가로로 칼집을 낸다. 단면을 벌려서 아랫면에 수제 마요네즈를 바르고, 차조기 잎을 올린다.

2 맛국물 달걀말이를 단면 입구에 가깝게 올리고, 그 위에 비지 소스를 얹는다.

3 조미 김을 잘게 썰어 비지 소스 위에 올린다.

다카노 팽

생햄 달걀 발사믹 샌드위치

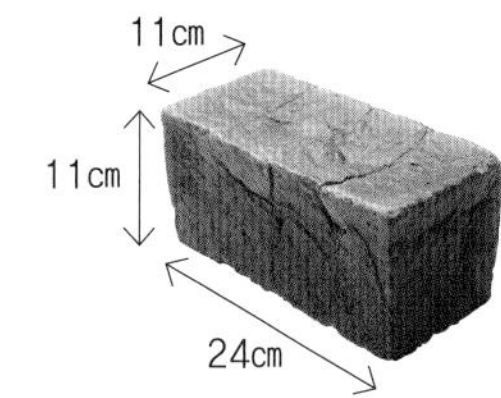

사용하는 빵

동메달 식빵 (볶은 곡물)

깔끔한 맛의 강력분을 토대로 보리 맥아, 대두, 귀리, 해바라기씨 등을 볶아 만든 멀티 그레인 파우더를 20% 배합한다. 잡곡의 묵직한 맛과 톡톡 터지는 식감이 샌드위치 맛에 깊이를 더한다.

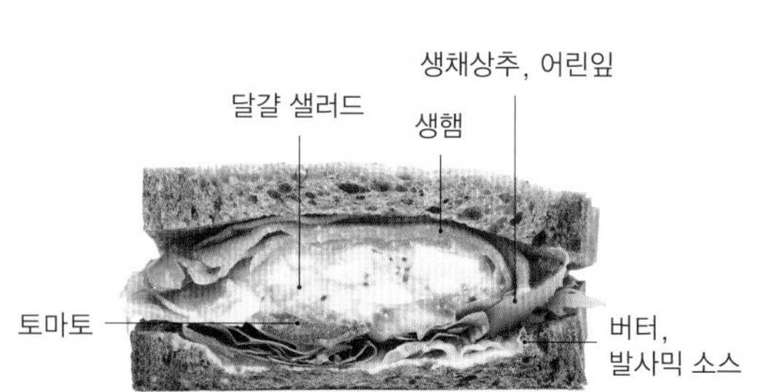

마요네즈와 머스터드로 맛을 낸 노른자, 모자반소금을 뿌려 물기를 뺀 흰자를 버무려 풍부하고 진한 맛의 달걀 샐러드를 만들었다. 잡곡 식빵에 버터와 발사믹 소스를 바르고, 달걀 샐러드와 생햄을 듬뿍 올렸다. 발사믹 식초의 부드러운 산미와 생햄의 감칠맛이 퍼지는, 조금은 호사스러운 어른의 달걀 샌드위치.

INGREDIENT

동메달 식빵(볶은 곡물) (1.4cm 두께로 썬 것) …… 2장
버터 …… 7g
발사믹 소스(시판품) …… 6g
생채상추 …… 4g
어린잎 …… 8g
토마토(두께 5mm의 반달 모양으로 썬 것) …… 2조각
달걀 샐러드*1 …… 50g
생햄 …… 20g

***1 달걀 샐러드**

달걀 …… 8개
홀그레인 머스터드 …… 24g
마요네즈 …… 40g
모자반소금 …… 8g

1 끓는 물에 달걀을 넣고, 중불로 8분간 삶는다. 불을 끄고 8분간 그대로 두었다가 얼음물에 식힌다. 껍질을 벗기고 노른자와 흰자를 분리한다.
2 노른자는 덩어리가 없어질 때까지 으깨고, 홀그레인 머스터드를 넣어 페이스트로 만든다. 마요네즈를 넣어 섞고, 하룻밤 동안 냉장실에서 재운다.
3 흰자는 굵게 다져서 모자반소금을 넣고 섞는다. 하룻밤 동안 냉장실에 두어 물기를 뺀다. 노른자와 흰자를 잘 섞는다.

HOW TO MAKE

1 식빵 1장에 버터를 바르고, 좌우 두 군데에 발사믹 소스를 바른다.
2 생채상추와 어린잎을 깔고, 토마토를 올린다.
3 달걀 샐러드를 담고, 그 위에 생햄을 접어서 올린다.
4 남은 식빵 1장을 덮는다. 도마를 올려서 30분 정도 두었다가 반으로 자른다.

팽 가라토 블랑제리 카페

달걀 1개가 통째로! 주르륵 크루아상 샌드위치

사용하는 빵

크루아상

반죽에 접어 넣는 버터는 프랑스 이즈니 사의 AOP 버터를 사용한다. 접는 횟수는 4절 접기 1회, 3절 접기 1회로 줄이고, 성형 시에는 반죽을 이등변삼각형이 아닌 T자로 잘라서 말아 크루아상의 끝을 일부러 통통하게 만든다. 식감이 바삭바삭하다.

반숙 달걀 1개를 통째로 넣은 인기 상품. 매장에서 나이프와 포크로 먹는 메뉴로, 흘러나오는 달걀노른자가 소스 역할을 한다. 달걀은 썰거나 다지면 쉽게 변질하지만, 통째로 넣으면 시간이 지나도 잘 변하지 않는다. 또한 껍질을 벗기기만 하면 되니 작업 효율도 좋다.

INGREDIENT

크루아상 …… 1개
적상추 …… 6g
마요네즈 …… 3g
훈제 감자샐러드*1 …… 60g
햄 …… 2장(18g)
반숙 달걀*2 …… 1개(55g)

***1 훈제 감자샐러드**

감자(2개)를 알루미늄 포일로 감싸고, 160℃ 오븐에서 부드러워질 때까지 굽는다. 껍질을 벗기고, 벚나무 훈연 칩으로 10분간 훈연한다. 뜨거울 때 적당량의 소금, 백후추, 어니언 드레싱*3, 다진 훈제 치즈(70g)를 넣고 섞는다. 한 김 식으면 마요네즈(50g)를 넣고 섞는다.

***2 반숙 달걀**

끓는 물에 달걀을 넣고 7분간 삶은 다음 불을 끈다. 얼음물에 식히고, 껍질을 벗겨서 소금을 뿌린다.

***3 어니언 드레싱**

양파(50g)를 큼직하게 썰고, 화이트 와인 비니거(37g), 레드 와인 비니거(12g), 홀그레인 머스터드(2g), 소금(5g), 샐러드유(100g), 올리브유(100g)와 함께 핸드 블렌더로 갈아준다.

HOW TO MAKE

1 빵에 가로로 칼집을 낸다. 적상추를 깔고 마요네즈를 짠다. 그 위에 훈제 감자샐러드를 담고, 반으로 접은 햄을 올린다.

2 1의 가운데에 훈제 감자샐러드를 접착제 삼아 조금 올리고, 반숙 달걀을 넣는다.

베이커리 틱택

기슈*식 두툼한 달걀말이와 베이컨 포카치아 샌드위치

간사이 지방 특유의 두툼한 달걀말이 샌드위치에 지역 특산물을 조합했다. 두툼한 달걀말이와 식감이 어우러지도록 빵은 7㎝ 두께의 포카치아를 채택했다. 포카치아는 허브를 뿌리고 구워서 향이 풍부하다. '데라타니 농원'의 '차조기 향 난코 매실'로 만든 소스와 인근의 양계장 '기센 농장'의 달걀이 주재료.

* 일본 간사이 지방 와카야마현과 미에현 남부의 별칭.

사용하는 빵

포카치아

홋카이도산 밀가루인 하루요코이 등을 배합한 반죽은 적당히 부드럽고 깊은 맛이 난다. 로즈메리, 세이지, 마조람을 직접 혼합한 향신료인 에르브 드 프로방스와 플뢰르 드 셀을 뿌려서 구운 풍부한 향의 빵.

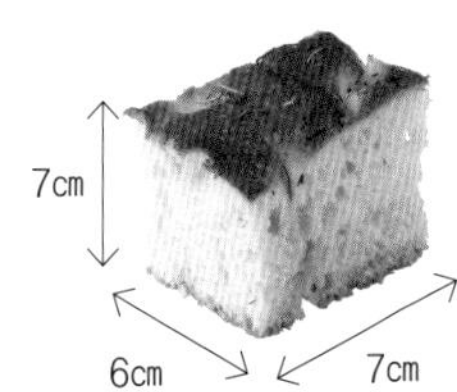

INGREDIENT

포카치아(6×7㎝, 높이 7㎝로 자른 것) …… 1개
'데라타니 농원'의 난코 매실 소스*1 …… 6g
오이(얇게 썬 것) …… 3조각(25g)
파스트라미 베이컨*2 …… 15g
두툼한 달걀말이*3 …… 1조각(90g)
체더치즈(슬라이스) …… 1장

***1 '데라타니 농원'의 난코 매실 소스**

매실장아찌(씨를 뺀 과육) …… 800g
꿀 …… 80g
마요네즈 …… 320g
섞는다.

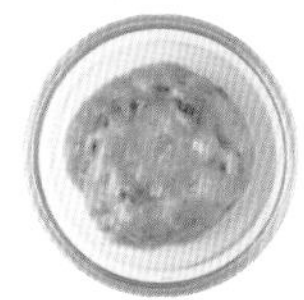

***2 파스트라미 베이컨**

베이컨 …… 4㎏
흑후추(굵게 간 것) …… 16g
마늘 가루 …… 8g
베이컨을 약 6㎝ 폭으로 썰고, 흑후추와 마늘 가루를 묻힌다.

***3 두툼한 달걀말이**

볼에 멘쓰유(15g), 물(20g), 전분(2g)을 넣고 잘 섞는다(𝒜). 다른 볼에 달걀('기센 농장'의 달걀 4개)과 소금(1g)을 넣고 잘 풀어준다(ℬ). 𝒜와 ℬ를 섞어서 체에 거르고, 달걀말이를 만든다. 두툼한 달걀말이 1개(샌드위치 2개 분량)당 약 200g의 달걀물을 사용한다.

지역 특산물을 활용한 소스로 개성을 드러낸다

1 빵에 가로로 칼을 대고 위아래로 반을 자른다. 아래가 되는 빵 단면에 '데라타니 농원'의 난코 매실 소스를 바른다. 소스의 맛이 처음부터 느껴지도록 아랫면에 바르는 것이 포인트.

두껍게 썬 오이로 식감에 변주를 준다

2 3㎜ 두께로 썬 오이를 늘어놓는다. 아삭아삭한 오이로 식감을 강조한다.

매콤한 베이컨으로 임팩트를 준다

3 마늘 가루와 흑후추를 묻힌 파스트라미 베이컨을 늘어놓는다. 매콤한 베이컨을 끼워 넣어 강렬한 맛을 낸다.

두툼한 달걀말이를 그대로 넣는다

4 달걀 4개로 만든 두툼한 달걀말이를 3에 올린다. 두툼한 달걀말이는 갓 구워 따끈따끈할 때 체더치즈를 올려서 식히고, 반을 잘라서 사용한다. 1에서 나눈 빵의 윗부분을 덮는다.

팽 가라토 블랑제리 카페

다이센 햄*과 레드 와인 비니거 풍미의 달걀 샌드위치

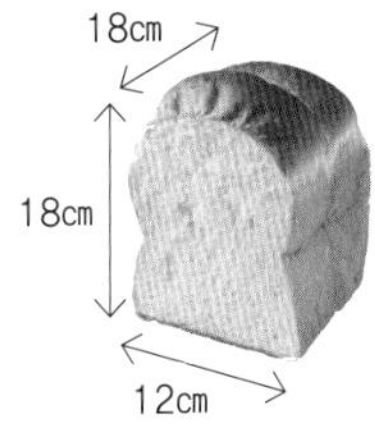

사용하는 빵

산형 식빵

매일 질리지 않고 편하게 먹을 수 있는 식빵을 지향하고자, 진한 유제품을 줄이고, 묵직해지지 않게 가수율을 낮춰서 만든다. 밀가루, 물, 효모, 설탕, 소금, 소량의 탈지분유, 쌀기름으로 단순하게 배합하고, 스트레이트법으로 반죽해 폭신하고 소박한 맛을 낸다.

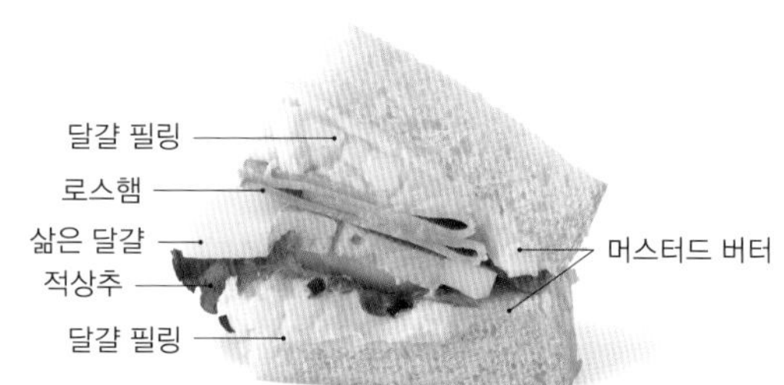

달걀 샐러드와 삶은 달걀을 조합한, 달걀 샌드위치의 정석. '감자샐러드는 산미를 적절히 가미하면 맛있다'라는 생각으로, 삶은 달걀과 함께 으깬 매시드 포테이토에 마요네즈, 소금, 후추를 넣고, 레드 와인 비니거로 감칠맛과 산미를 더했다. 잎채소와 햄으로 만족감을 더욱 높였다.

* 일본의 가공육 브랜드.

INGREDIENT

산형 식빵(1.5㎝ 두께로 썬 것) …… 1장
머스터드 버터(시판품) …… 6g
달걀 필링*1 …… 80g
적상추 …… 6g
마요네즈 …… 3g
삶은 달걀 …… 1개(55g)
소금, 백후추 …… 소량씩
로스햄 …… 2장(20g)

***1 달걀 필링**

매시드 포테이토*2 …… 850g
삶은 달걀 …… 28개
A 마요네즈 …… 800g
소금 …… 10g
백후추 …… 8g
레드 와인 비니거 …… 20g

매시드 포테이토에 삶은 달걀을 넣어 으깨고, *A*를 넣어 섞는다.

***2 매시드 포테이토**

감자를 알루미늄 포일로 감싸고, 160℃ 오븐에 30분간 굽는다. 껍질을 벗기고 으깨서 체에 내린다. 소금으로 간을 한다.

HOW TO MAKE

1 빵을 세로로 반을 자르고, 각각 머스터드 버터를 바른다. 그중 1장의 빵에 달걀 필링의 절반과 적상추를 올리고, 마요네즈를 짠다.

2 삶은 달걀을 5㎜ 두께로 썰어서 1에 늘어놓고, 소금과 백후추를 뿌린다.

3 로스햄을 2절로 접어서 올리고, 그 위에 남은 달걀 필링을 올린다. 남은 빵 1장을 머스터드 버터를 바른 면이 아래로 가게 해서 덮는다.

샌드위치 앤 코

소금 레몬 치킨과 아보카도 샌드위치

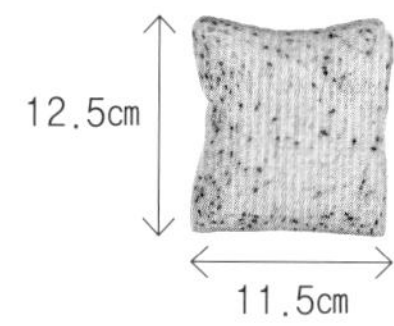

사용하는 빵

검은깨 식빵

이곳에서 사용하는 빵은 모두 첨가물과 보존료를 넣지 않는다. 폭신한 반죽에 더해진 검은깨의 톡톡 터지는 식감과 고소함이 빵의 맛을 살린다. 통 식빵을 6장으로 썰어서 사용한다.

수제 발효 조미료 '소금 레몬'을 사용한 이곳의 시그니처 샌드위치. 닭 안심으로 건강한 이미지를 내세우면서, 두툼하게 썬 아보카도로 포만감도 더했다. 레몬의 상큼한 향이 감돌아 푸짐하면서도 산뜻하게 먹을 수 있다.

INGREDIENT 2개 분량

검은깨 식빵 …… 2장
땅콩버터 …… 1큰술
체더치즈(슬라이스) …… 1장
두부 크림치즈*1 …… 2작은술
소금 레몬 치킨*2 …… 60g
삶은 달걀 …… 1개
생채상추 …… 1~2장
마요네즈 …… 5g
아보카도 …… 1/2개
디종 머스터드 …… 6g

***1 두부 크림치즈**

두부(450g)를 얇게 썰고, 누룩 된장(6큰술)과 미림(적당량)을 섞어서 겉면에 바른다. 냉장실에 2일간 두어 물기를 뺀다.

***2 소금 레몬 치킨**

겉면에 왁스가 없는 레몬을 껍질째 깍둑썰고, 레몬 중량의 20%만큼 소금을 넣어 60℃로 12시간 동안 둔다(A). 닭 안심(1.3㎏)에 A(8큰술)를 문질러 바르고, 지퍼백에 넣는다. 냄비에 물을 끓이고, 지퍼백 그대로 넣어 약불로 10분, 불을 더 줄여서 20분, 불을 끄고 30분간 둔다. 지퍼백에서 고기를 꺼내 손으로 찢는다.

HOW TO MAKE

1 빵 1장에 땅콩버터를 바르고, 체더치즈, 두부 크림치즈, 소금 레몬 치킨, 얇게 썬 삶은 달걀을 올린다.

2 생채상추를 올리고 마요네즈를 끼얹는다. 1㎝ 두께로 썬 아보카도를 늘어놓는다.

3 남은 빵 1장에 디종 머스터드를 바르고 덮는다. 종이로 감싸고, 반으로 자른다.

샌드위치 앤 코

소금 레몬 치킨과 달걀 샌드위치 절반

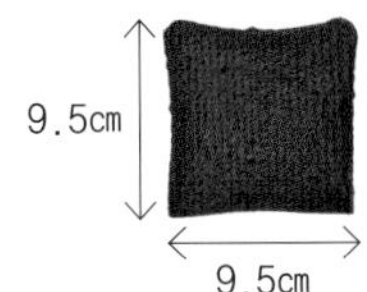

사용하는 빵

검은 식빵 (작은 것)

캐러멜을 넣어 달콤쌉쌀한 식빵. 어린이도 먹기 편하도록 대부분의 샌드위치는 '절반' 크기도 준비하기 때문에, 보통보다 조금 작은 식빵을 사용한다.

달걀 샐러드와 이곳의 명물인 '소금 레몬 치킨'을 함께 검은 식빵 사이에 넣어 비주얼도 맛도 눈에 띄는 샌드위치. 달달한 검은 식빵, 반숙보다 조금 단단히 익혀 입안에서 녹는 달걀 샐러드, 산뜻한 산미의 소금 레몬 치킨의 달콤 짭짤한 조화가 중독성이 있다.

INGREDIENT 2개 분량

검은 식빵(작은 것) …… 2장
땅콩버터 …… 1/2큰술
두부 크림치즈(19쪽 참조) …… 1작은술
소금 레몬 치킨(19쪽 참조) …… 30g
당근 라페*1 …… 5g
달걀 샐러드*2 …… 90g
디종 머스터드 …… 3g

***1 당근 라페**
당근을 잘게 채 썰고, 엑스트라 버진 올리브유, 곡물 식초, 허브 솔트를 넣어 섞는다. 냉장실에서 하룻밤 이상 재운다.

***2 달걀 샐러드**
반숙보다 조금 단단히 삶은 달걀을 슬라이서에 놓고 가로세로로 자른다. 마요네즈와 허브 솔트를 넣고 섞는다.

HOW TO MAKE

1 빵 1장에 땅콩버터와 두부 크림치즈를 바른다. 소금 레몬 치킨을 올리고, 그 위에 당근 라페와 달걀 샐러드를 올린다.

2 남은 빵 1장에 디종 머스터드를 바르고 덮는다. 종이로 감싸서 반으로 자른다.

더 루츠 네이버후드 베이커리

수제 훈제 치킨, 아보카도, 시저 소스

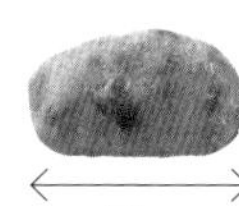

사용하는 빵

치아바타

샌드위치용으로 굽는 치아바타는 손으로 반죽하는 세미 하드 계열. 씹는 맛이 제대로 나고 베어 먹기 편해서 샌드위치에 적합하다. 올리브유를 10% 배합해, 차가워도 딱딱해지지 않아서 냉장 샌드위치도 만들 수 있다.

닭가슴살로 직접 만든 훈제 치킨이 주인공. 지방이 적은 부위지만, 파르메산 치즈를 듬뿍 넣은 시저 소스와 조합해 풍미를 높였다. 부재료로 오븐에 천천히 구워 단맛을 끌어낸 양파와 아보카도를 곁들여 감칠맛이 나고, 식감도 부드럽다.

INGREDIENT

치아바타 …… 1개
수제 훈제 치킨*1 …… 2조각(40g)
구운 양파*2 …… 15g
시저 소스*3 …… 2큰술
얇게 썬 아보카도
…… 3조각(1/4개 분량)
흑후추 …… 적당량

***1 수제 훈제 치킨**

닭가슴살 1개에 소금(닭고기 중량의 2.4%), 그래뉴당(닭고기 중량의 3%), 백후추(적당량)를 문질러 바르고, 랩으로 감싸서 2일 밤 동안 냉장실에서 재운다. 중화 냄비 바닥에 벚나무 훈연 칩과 그래뉴당 1자밤을 깔고, 석쇠를 올린다. 닭가슴살을 물에 씻어서 석쇠에 올리고, 뚜껑을 덮어 중불에 올린다. 한쪽 면당 20분을 기준으로 훈연한다.

***2 구운 양파**

양파의 꼭지와 껍질을 제거하고, 웨지 모양으로 잘라서 오븐 팬에 늘어놓는다. 올리브유와 소금을 뿌리고, 200℃ 오븐에 약 25분간 굽는다.

***3 시저 소스**

마늘(30g), 안초비(100g)를 푸드 프로세서에 갈아 페이스트로 만든다. 마요네즈(1㎏), 파르메산 치즈(분말, 150g), 흑후추(적당량), 화이트 와인 비니거(15g) 순으로 넣으며 고루 섞는다. 계속 갈면서 올리브유(100g)를 조금씩 넣어 유화시킨다.

HOW TO MAKE

1 빵에 가로로 칼집을 낸다. 수제 훈제 치킨에 칼을 비스듬히 눕혀서 대고 껍질째 5㎜ 두께로 썬다. 2조각을 빵 속에 넣는다.

2 구운 양파를 빵 안쪽에 채워 넣는다.

3 시저 소스를 바르고, 얇게 썬 아보카도 3조각을 조금씩 비껴서 겹쳐 올린다. 아보카도 위에 흑후추를 갈아서 뿌린다.

다카노 팽

홀리데이 매콤 치킨 샌드위치

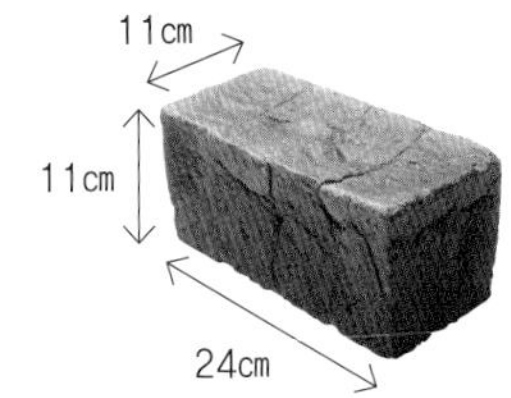

사용하는 빵

동메달 식빵 (볶은 곡물)

깔끔한 맛의 강력분을 토대로 보리 맥아, 대두, 귀리, 해바라기씨 등을 볶아 만든 멀티 그레인 파우더를 20% 배합한다. 잡곡의 묵직한 맛과 톡톡 터지는 식감이 샌드위치 맛에 깊이를 더한다.

마늘과 파프리카로 맛을 낸 훈제 치킨을 크림치즈, 토마토, 생채상추와 함께 곡물 식빵 사이에 넣은 샌드위치. 타바스코, 칠리 페퍼로 매운맛, 신맛, 색감을 곁들여 매콤함을 좋아하는 어른 취향에 맞추었다. 크림치즈는 펴 바르지 않고 두 군데에 덩어리로 담아서 맛과 식감을 강조했다.

INGREDIENT

동메달 식빵(볶은 곡물)(1.4㎝ 두께로 썬 것) …… 2장
버터 …… 7g
머스터드 …… 6g
크림치즈 …… 16g
생채상추 …… 4g
어린잎 …… 8g
토마토*1 …… 2조각
마요네즈 …… 10g
훈제 치킨*2 …… 40g
올리브유*2 …… 2g
훈제 소금 …… 2g
케이퍼 …… 5알
타바스코 …… 5방울
칠리 페퍼 …… 1g

***1 토마토**

1 토마토의 꼭지를 떼서 위아래로 반을 자르고, 5㎜ 두께의 반달 모양으로 썬다.
2 배트에 키친타월을 깔고 토마토를 늘어놓은 다음, 소금을 살짝 뿌린다. 랩을 씌우고 냉장실에 한나절 동안 두어 물기를 뺀다.

***2 훈제 치킨, 올리브유**

파프리카와 마늘로 맛을 낸 시판 제품. 8㎜ 두께로 썰어 올리브유를 묻혀둔다.

HOW TO MAKE

1 빵 1장에 버터를 바르고, 좌우 두 군데에 머스터드를 바른다.

2 크림치즈 8g을 가장자리에 가까운 쪽에 올린다.

3 생채상추, 어린잎, 토마토 순으로 올리고, 좌우 두 군데에 마요네즈를 짠다.

4 훈제 치킨을 올리고, 훈제 소금을 뿌린다. 치킨 위에 크림치즈 8g을 올린다.

5 케이퍼를 올리고, 타바스코와 칠리 페퍼를 뿌린다.

6 남은 빵 1장을 덮는다. 도마를 올려서 30분 정도 둔 다음, 반으로 자른다.

치쿠테 베이커리

유채, 두부 딥 치킨, 양송이 샌드위치

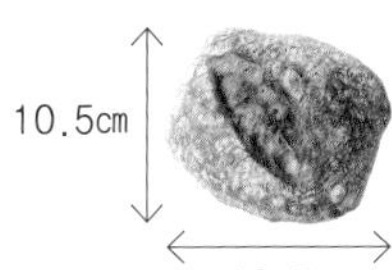

사용하는 빵

루스틱

씹는 맛이 좋고 볼륨감 있는 루스틱은 샌드위치에 활용하기 좋은 아이템이다. 일본산 밀가루를 사용하고, 가수율을 87%로 낮춰서 어떤 재료와도 어울리는 깊은 맛과 식감을 냈다.

삶은 닭 안심, 신선한 갈색 양송이, 크림치즈를 넣은 두부 딥을 섞은 필링을 씹는 맛이 좋은 루스틱 속에 넣었다. 소금물에 데쳐 올리브유에 버무린 유채의 쌉쌀하고 아삭아삭 씹히는 맛과 식감으로 봄을 만끽하는 샌드위치.

INGREDIENT

루스틱 …… 1개
엑스트라 버진 올리브유 …… 적당량
치킨 딥*1 …… 30g
유채*2 …… 45g
두부 딥*3 …… 3g
소금, 흑후추 …… 적당량

***1 치킨 딥**

닭 안심(200g)을 적당량의 소금과 흑후추로 밑간하고, 소금을 넣은 끓는 물에 넣는다. 다시 끓으면 13분간 삶는다. 물기를 빼서 식히고, 1㎝가 조금 안 되는 폭, 1.5㎝ 길이로 찢어서 소금과 흑후추로 간을 더 한다. 갈색 양송이(10개)를 2~3㎜ 두께로 썰고, 레몬즙을 두른다. 닭고기, 갈색 양송이, 두부 딥*3(120g), 홀그레인 머스터드(20g)를 섞고, 소금과 흑후추로 간을 한다.

***2 유채**

소금을 넣은 끓는 물에 유채를 데치고, 5㎝로 썬다. 엑스트라 버진 올리브유에 버무리고, 소금과 흑후추를 뿌린다.

***3 두부 딥**

두부(350g)를 키친타월로 감싸서 용기에 넣고, 냉장실에 하룻밤 두어 물기를 뺀다. 두부, 크림치즈(150g), 레몬즙(30g), 엑스트라 버진 올리브유(30g), 간장(12g), 소금과 흑후추(적당량씩)를 푸드프로세서에 넣고 크림 형태로 갈아준다.

HOW TO MAKE

1 빵에 칼집을 내고, 단면 양쪽에 올리브유를 뿌린다. 치킨 딥을 올린다.

2 유채, 두부 딥을 올리고, 소금과 흑후추를 뿌린다.

다카노 팽

바질 치킨 &
당근 라페

바질과 양파의 풍미를 더한 샐러드 치킨과 과일처럼 상큼한 산미가 인상적인 당근 라페의 조합. 치킨은 미리 올리브유를 묻혀서 지방을 보충하는 동시에 마르는 것을 방지한다. 빵 아랫면에는 버터를, 윗면에는 머스터드를 발라 풍미를 돋우고, 맛에 변주를 준다.

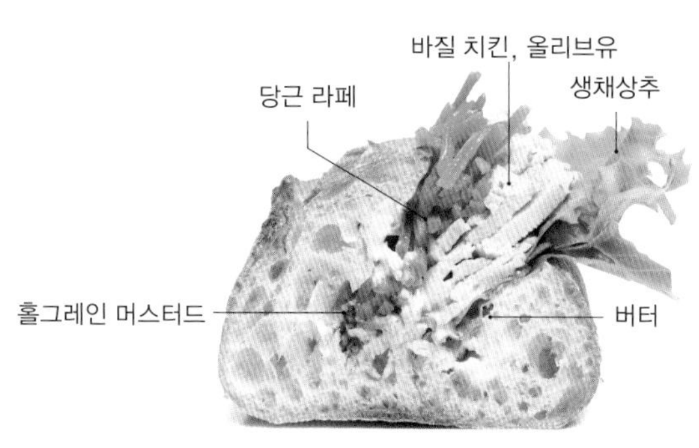

사용하는 빵

바게트

프랑스산 등 3가지 밀가루와 볶은 옥수숫가루를 배합한다. 40시간 정도 저온 발효해 가볍고 폭신하며 물리지 않는 맛과 식감을 낸다. 샌드위치용은 얇게 구워 베어 먹기 더욱 좋다. 1개를 1/3로 잘라서 사용한다.

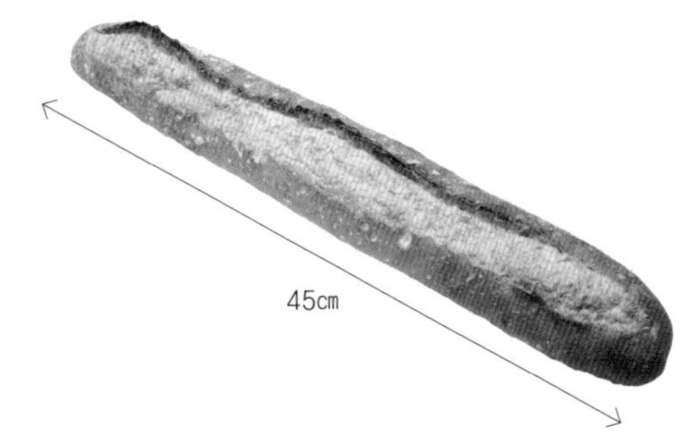

INGREDIENT

바게트 …… 1/3개
버터 …… 7g
홀그레인 머스터드 …… 3g
생채상추 …… 8g
마요네즈 …… 12g
바질 치킨*1 …… 40g
올리브유*1 …… 2g
당근 라페*2 …… 30g

***1 바질 치킨, 올리브유**

바질과 양파의 풍미를 더한 시판 닭가슴살을 사용한다. 올리브유를 고루 묻혀둔다.

***2 당근 라페**

당근 초절임(시판 제품)
…… 500g
드레싱(아래의 재료를 섞는다)
…… 145g
라즈베리 비니거 …… 50g
올리브유 …… 50g
꿀 …… 40g
소금 …… 5g

식초, 설탕, 소금으로 맛을 낸 시판 당근 초절임의 물기를 빼고, 드레싱을 넣어 버무린다. 냉장실에 2일간 두어 맛이 스며들게 한다.

머스터드는 윗면에 발라 풍미를 살린다

1 빵의 위에서 아래로 비스듬히 칼집을 내고, 아랫면에 버터를, 윗면에 홀그레인 머스터드를 바른다. 머스터드의 풍미가 버터에 묻히지 않도록 따로 바르는 것이다. 생채상추는 연한 잎과 단단한 흰 부분을 균형 있게 깔아서 아삭한 식감을 낸다.

부드러운 마요네즈로 입에 착 감기게

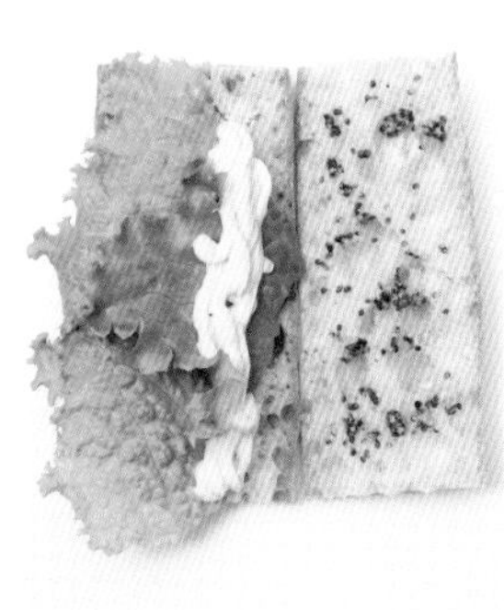

2 마요네즈는 빵에 기름기가 스며들지 않게 생채상추 위에 짠다. 빵 안쪽에 물결 모양으로 겹쳐서 짜면 마요네즈의 걸쭉하고 크리미한 질감을 살리면서 치킨의 풍미를 해치지 않는다.

치킨은 수북하게 담아서 볼륨감을 준다

3 2㎜ 두께로 썬 바질 치킨은 마르지 않게 미리 올리브유를 묻힌 다음, 빵 사이에 넣는다. 빵의 단면에서 비어져 나올 만큼 높이 쌓아 올려서 볼륨감을 연출한다.

당근은 안쪽에 담아서 먹기 편하게

4 잘게 썬 당근 초절임을 수제 드레싱으로 맛을 낸, 깔끔한 산미의 당근 라페를 듬뿍 넣는다. 물기를 가볍게 빼고, 베어 먹을 때 빠져나오지 않게 빵 안쪽에 담는 것이 포인트.

팽 스톡

당근 라페

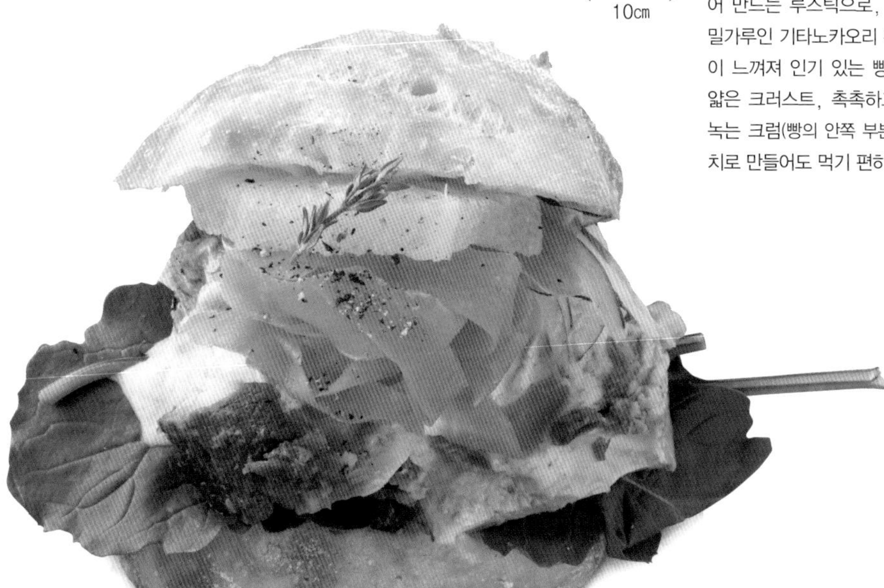

사용하는 빵

기타노카오리

10㎝

밀가루 대비 110% 이상의 물을 넣어 만드는 루스틱으로, 홋카이도산 밀가루인 기타노카오리 특유의 단맛이 느껴져 인기 있는 빵. 바삭하고 얇은 크러스트, 촉촉하고 입안에서 녹는 크럼(빵의 안쪽 부분)은 샌드위치로 만들어도 먹기 편하다.

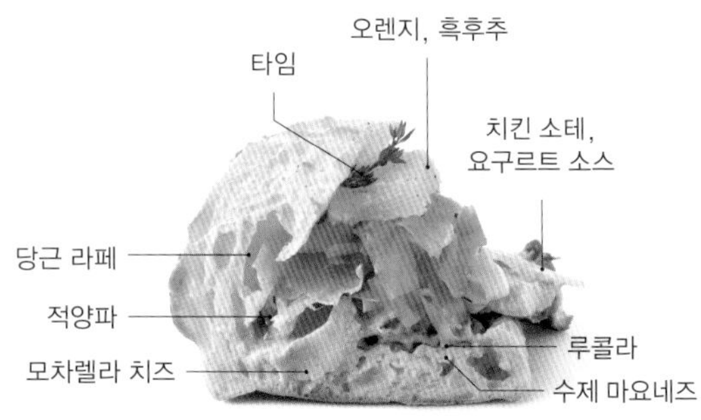

오렌지 당근 샐러드와 치킨 소테의 조합. 노릇하게 구운 닭가슴살 소테에 오렌지와 꿀 풍미의 요구르트 소스를 끼얹고, 모차렐라 치즈도 넣어 산뜻한 맛을 냈다. 아래에 깐 루콜라는 후쿠오카 이토시마에 위치한 서양 채소 농장 '구보타 농원'의 생산품.

INGREDIENT

기타노카오리 …… 1개
수제 마요네즈(13쪽 참조) …… 2큰술
루콜라 …… 1장
치킨 소테*1 …… 2조각(60g)
요구르트 소스*2 …… 8g
적양파(얇게 썬 것) …… 적당량
모차렐라 치즈 …… 8g
당근 라페*3 …… 10g
얇게 썬 오렌지(껍질을 벗기고 5㎜ 두께로 썬 것) …… 1조각
타임(생) …… 1줄기
흑후추 …… 적당량

***1 치킨 소테**

프라이팬에 올리브유를 두르고 중불에 올린다. 얇게 썬 마늘(1쪽 분량)을 넣어 향을 내다가 닭가슴살(1개)을 넣고 굽는다. 소금과 흑후추로 간을 하고, 한 김 식으면 6~7등분으로 썬다.

***2 요구르트 소스**

요구르트(450g), 꿀(50g), 올리브유(10g), 가람마살라(10g), 큐민 파우더(5g), 소금(3g)과 흑후추(1g), 그리고 오렌지즙(1/2개 분량)을 섞는다.

***3 당근 라페**

껍질을 벗기고 필러로 얇게 썬 당근(3개 분량)에 소금을 뿌려서 섞고, 잠시 두었다가 물기를 가볍게 짠다. 오렌지(1개)의 껍질을 벗기고, 속껍질째 1㎝의 주사위 모양으로 썬다. 화이트 와인 비니거(적당량)와 사탕수수 설탕(적당량)을 섞다가 당근과 오렌지를 넣어 섞고, 하루 이상 재운다.

HOW TO MAKE

1 빵의 아래가 1/3이, 위가 2/3가 되도록 가로로 칼집을 낸다. 단면을 벌려서 아랫면에 수제 마요네즈를 바르고, 루콜라를 올린다.

2 치킨 소테를 올리고, 요구르트 소스를 끼얹는다.

3 적양파, 모차렐라 치즈, 당근 라페, 얇게 썬 오렌지를 올리고, 타임을 얹는다. 흑후추를 갈아서 뿌린다.

크래프트 샌드위치

구운 치킨, 미국 가지 & 에멘탈 치즈

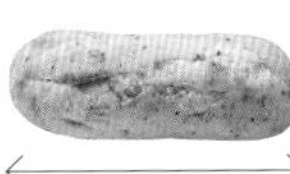

사용하는 빵

잡곡 바게트

2가지의 깨, 호박씨, 해바라기씨를 넣었다. 고소한 잡곡빵은 주로 닭고기처럼 담백한 재료와 조합한다.

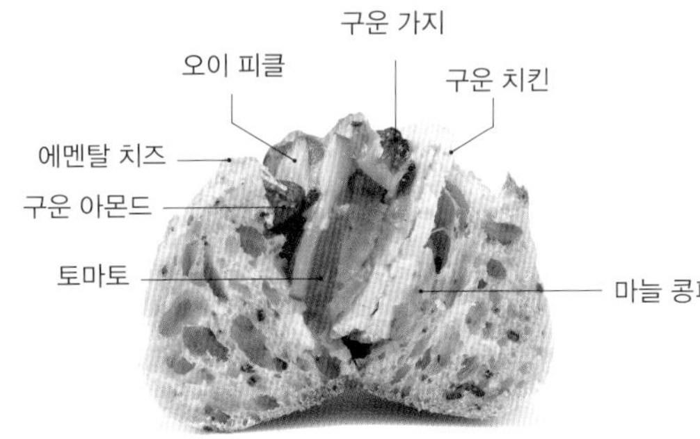

닭가슴살을 담백하게 구운 치킨에 마늘 콩피와 구운 아몬드를 더해 심심한 맛에 자극을 주었다. 핫도그처럼 위에 칼집을 내서 치킨, 구운 미국 가지, 토마토를 넣고, 에멘탈 치즈를 듬뿍 갈아 올려서 오븐에 굽는다.

INGREDIENT

잡곡 바게트 …… 1개
마늘 콩피*1 …… 10g
구운 치킨*2 …… 70g
구운 가지*3 …… 35g
오이 피클*4 …… 10g
토마토(5㎜ 두께로 썬 것) …… 3조각
구운 아몬드 …… 4알
에멘탈 치즈 …… 20g

***1 마늘 콩피**

작은 냄비에 껍질을 벗긴 마늘을 넣고, 엑스트라 버진 올리브유를 붓는다. 주걱으로 으깨질 때까지 타지 않게 약불로 20분 정도 익힌다.

***2 구운 치킨**

닭가슴살(1개)을 엑스트라 버진 올리브유, 게랑드산 소금, 타임에 재우고, 220℃ 오븐에 20분간 굽는다. 냉장실에 넣어 식힌 다음, 5㎜ 두께로 썬다.

***3 구운 가지**

미국 가지(1/2개)를 1㎝ 두께로 둥글게 썰어 오븐 트레이에 늘어놓는다. 엑스트라 버진 올리브유를 바르고, 게랑드산 소금을 뿌린다(적당량씩). 180℃ 오븐에 노릇해질 때까지 20분 정도 굽는다.

***4 오이 피클**

오이(1개)를 5㎜ 두께로 둥글게 썬다. 냄비에 화이트 와인 비니거(50g), 물(25g), 사탕수수 설탕(15g), 게랑드산 소금(1.2g)을 넣고 끓인다. 냄비를 불에서 내려 오이를 넣고, 30분 이상 담가둔다.

HOW TO MAKE

1 빵에 칼집을 내고, 단면 양쪽에 마늘 콩피를 으깨서 바른다.

2 구운 치킨, 구운 가지, 토마토, 오이 피클을 넣고, 반으로 자른 구운 아몬드를 넣는다.

3 에멘탈 치즈를 갈아서 뿌리고, 오븐에 노릇하게 굽는다.

팽 스톡

데리야키 치킨

이름은 '데리야키'지만, 절임 양념은 케첩과 중농 소스가 베이스. 모두가 좋아하는 달콤 짭짤한 맛을 더욱 진하게 낸 인기 샌드위치이다. 마요네즈 대신 아보카도 페이스트로 감칠맛을 내고, 적양배추 마리네*로 아삭아삭 기분 좋은 식감과 신선함을 더했다. 다채로운 색감도 눈길을 사로잡는다.

* 양념이나 향을 더한 액체에 담가 재운 것.

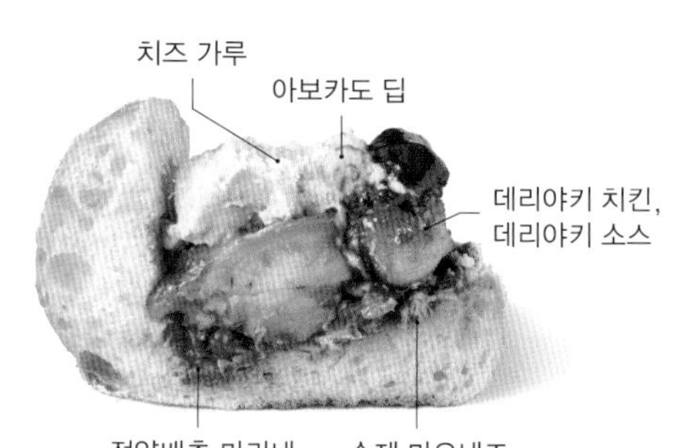

사용하는 빵

식빵 도그

꿀과 요구르트를 넣어 풍미가 좋고, 입에서 살살 녹는 식빵 '팽 드 미 미엘'을 작은 도그로 성형한 빵. 장시간 발효해 쫄깃한 반죽은 재료의 수분이 잘 스며들지 않아 샌드위치에 적합하다.

INGREDIENT

식빵 도그 …… 1개
수제 마요네즈(13쪽 참조) …… 2큰술
적양배추 마리네*1 …… 20g
데리야키 치킨*2 …… 3조각
데리야키 소스*3 …… 1큰술보다 조금 많이
아보카도 딥*4 …… 1큰술보다 조금 많이
치즈 가루 …… 적당량

***1 적양배추 마리네**

적양배추 …… 1통
소금 …… 적양배추 중량의 1%
화이트 와인 비니거 …… 200g
물 …… 200g
월계수 잎 …… 2장
통 흑후추 …… 5알

1 적양배추는 반으로 잘라서 심지를 제거하고, 잘게 채 썬다. 소금을 넣고 섞어서 잠시 둔다.
2 화이트 와인 비니거, 물, 월계수 잎, 통 흑후추를 냄비에 넣고 불에 올려서 끓인다. 불에서 내려 한 김 식힌다.
3 1의 적양배추를 가볍게 짜서 물기를 빼고, 2에 절인다. 소금(적당량)으로 간을 하고, 하루 이상 두었다가 사용한다.

***2 데리야키 치킨**

데리야키 양념
　케첩 …… 150g
　중농 소스 …… 150g
　진간장 …… 30g
　마늘(간 것) …… 1/2쪽 분량
　생강(간 것) …… 5g
　양파(간 것) …… 1/8개 분량
닭다리살 …… 4개
카놀라유 …… 적당량

1 데리야키 양념 재료를 잘 섞는다. 닭다리살을 넣고, 하루 이상 재운다.
2 닭다리살을 꺼내서 겉면을 물에 씻는다. 양념은 따로 보관한다.
3 프라이팬에 카놀라유를 두르고 중불로 달군다. 일단 불을 끄고, 닭다리살의 껍질이 아래로 가게 넣는다. 다시 약불에 올려서 5분간 굽다가 뒤집는다. 뚜껑을 덮고 10분간 굽다가 익으면 닭다리살을 꺼내 한입 크기로 썬다.

***3 데리야키 소스**

'데리야키 치킨'의 2에서 남겨둔 양념을 3의 프라이팬에 넣고, 약불로 5분 정도 졸여 걸쭉하게 만든다.

***4 아보카도 딥**

아보카도 …… 3개
수제 마요네즈(13쪽 참조) …… 45g
마늘(간 것) …… 1쪽 분량
레몬즙 …… 1/2개 분량
소금 …… 적당량
우유 …… 50g

1 아보카도는 껍질과 씨를 제거하고, 과육을 포크로 으깨 페이스트로 만든다.
2 수제 마요네즈, 마늘, 레몬즙, 소금을 넣고 고루 섞는다. 우유를 넣고 농도를 적당히 조절한다.

HOW TO MAKE

1 빵에 가로로 칼집을 낸다. 단면을 벌려서 아랫면에 수제 마요네즈를 바른다.
2 적양배추 마리네, 데리야키 치킨 순으로 올린다.
3 치킨 위에 데리야키 소스를 끼얹는다.
4 아보카도 딥을 올리고, 치즈 가루를 뿌린다.

베이커리 틱택

데리야키 치킨과 달걀 샐러드 샌드위치

SNS에서 실시한 선호하는 샌드위치 설문조사에서 상위에 오른 데리야키 치킨과 달걀 샐러드를 조합했다. 달걀 샐러드에는 건포도를 넣어 독창성을 더했다. 데리야키 치킨은 튀기듯이 굽고, 한 김 식으면 양념에 담가서 맛이 스며들게 하는 것이 포인트. 완전히 식으면 맛의 일체감이 생기지 않는다.

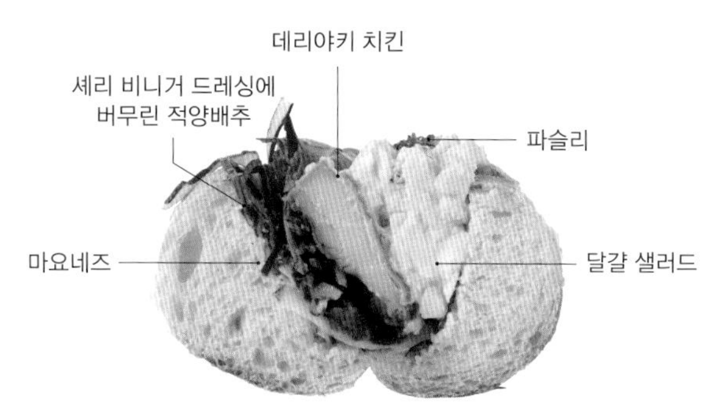

사용하는 빵

고가수 소프트 바게트

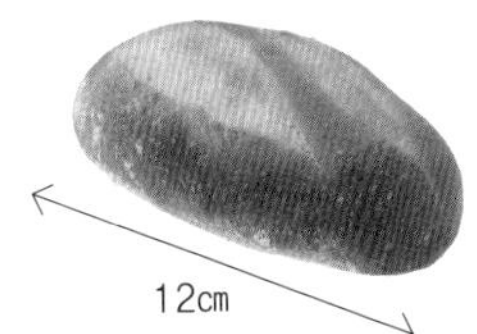

'하드 계열의 근본이 될 만한 빵'을 목표로 개발했다. 밀가루의 구수함이 느껴지는 반죽을 위해 홋카이도산 밀가루를 혼합한 가루를 40% 배합하고, 가수율 90%로 씹는 맛이 좋게 만들었다. 건포도 효모종을 넣고 이틀간 저온 발효해 밀가루의 향이 진하다.

INGREDIENT

고가수 소프트 바게트 …… 1개
마요네즈 …… 10g
셰리 비니거 드레싱에 버무린 적양배추*1 …… 15g
데리야키 치킨*2 …… 90g
달걀 샐러드*3 …… 40g
파슬리(건조) …… 적당량

*1 셰리 비니거 드레싱에 버무린 적양배추

셰리 비니거(150g), 소금(5g), 꿀(100g), 엑스트라 버진 올리브유(300g)를 섞어 드레싱을 만든다. 적양배추를 잘게 채 썰고, 적양배추 중량의 10%만큼 드레싱을 넣어 버무린다.

*2 데리야키 치킨

닭다리살 …… 5㎏
A 간장 …… 400g
　물 …… 300g
　달걀 …… 2개
　마늘(간 것) …… 15g
　생강(간 것) …… 15g
밀가루 …… 적당량
쌀기름 …… 적당량
B 간장 …… 200g
　미림 …… 200g
　청주 …… 200g
　백설탕 …… 120g
C 전분 …… 35g
　물 …… 100g
넛멕 …… 소량

1 A를 섞어 만든 양념에 1장을 3등분으로 자른 닭다리살을 담그고, 하루 이상 재운다. 닭다리살을 꺼내 물기를 닦고, 밀가루를 묻힌 다음 쌀기름을 끼얹는다. 스팀 컨벡션 오븐에 튀김 모드로 익히고, 꺼내서 한 김 식힌다.
2 B를 담아서 불에 올리고, 녹이면서 섞는다. C를 섞은 전분물을 넣어 걸쭉하게 만들고, 넛멕을 넣고 섞는다. 여기에 1을 담근다.

*3 달걀 샐러드

달걀 …… 24개
소금 …… 5g
흑후추 …… 2g
건포도 …… 100g
마요네즈 …… 280g

달걀을 단단히 삶아서 껍질을 벗기고, 물기를 키친타월로 닦아낸다. 흰자와 노른자를 분리한 다음, 흰자는 굵게 부수고 노른자는 잘게 으깬다. 흰자와 노른자를 함께 담고 소금과 흑후추를 넣고 섞다가 건포도를 자르지 않고 넣어 섞는다. 마지막으로 마요네즈를 넣고 섞는다.

HOW TO MAKE

1 빵에 가로로 칼집을 내고, 아랫면에 마요네즈를 바른다.

2 셰리 비니거 드레싱에 버무린 적양배추를 올리고, 그 위에 데리야키 치킨을 올린다. 달걀 샐러드를 담는다.

3 달걀 샐러드 위에 건조 파슬리를 뿌린다.

33(산주산)

닭고기 & 땅콩 코코넛 소스

대만의 대표적 요리인 닭고기 땅콩 볶음에서 힌트를 얻어 고안했다. 구운 닭다리살에 마늘, 샬롯, 코코넛 밀크를 넣은 땅콩 소스를 조합해 감칠맛과 고소함을 더했다. 포슬포슬한 구운 채소, 바삭바삭한 부순 땅콩을 곁들여 강조한 식감도 인상적이다.

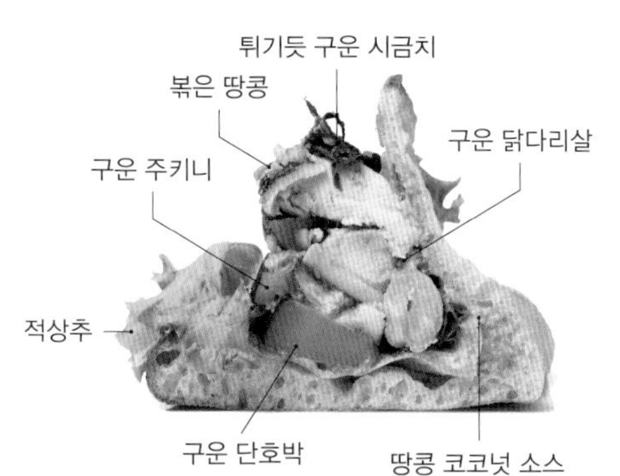

사용하는 빵

피타 빵

홋카이도산 준강력분을 사용해 장시간 발효한 바게트 반죽을 얇게 밀어 반으로 접고, 올리브유를 발라서 굽는다. 식감이 쫄깃하면서 베어 먹기 좋은 피타 빵은 재료를 듬뿍 넣어도 먹기 편하다.

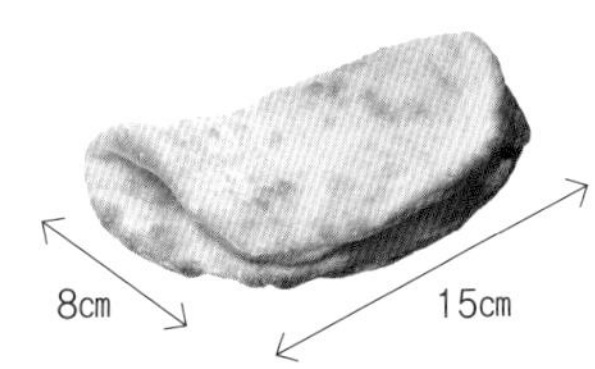

INGREDIENT

피타 빵 …… 1개
땅콩 코코넛 소스*1 …… 35g
적상추 …… 1장
구운 닭다리살*2 …… 약 100g
구운 단호박*3 …… 1조각
구운 주키니*3 …… 2조각
튀기듯 구운 시금치*4 …… 2줄기
볶은 땅콩(부순 것) …… 4g

***1 땅콩 코코넛 소스**

껍질 벗긴 땅콩 …… 400g
샬롯 …… 5~6개
마늘 …… 5쪽
간장 …… 120g
사탕수수 설탕 …… 40g
라임즙 …… 1개 분량
코코넛 밀크 …… 400g

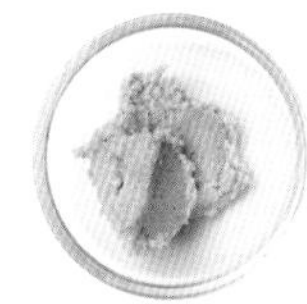

1 껍질 벗긴 땅콩은 180℃에 10분간 굽고, 블렌더로 갈아 페이스트로 만든다.
2 샬롯과 마늘은 잘게 다진다.
3 2와 간장, 사탕수수 설탕을 프라이팬에 넣고, 투명해질 때까지 조리듯이 볶는다.
4 1과 3, 라임즙을 블렌더로 갈아 페이스트로 만든다.
5 코코넛 밀크를 넣고, 매끈해질 때까지 섞는다.

***2 구운 닭다리살**

닭다리살 …… 4㎏
소금 …… 25g
간장 …… 100g
화이트 와인 …… 80g
엑스트라 버진 올리브유 …… 100g

1 모든 재료를 볼에 넣고 주무른다. 랩을 씌우고 하룻밤 동안 냉장실에 두어서 맛이 스며들게 한다.
2 닭다리살을 오븐 팬에 늘어놓고, 윗불 240℃, 아랫불 250℃의 오븐에 15~17분간 굽는다. 토치로 껍질을 노릇하게 그을린다.
3 8㎜ 두께로 썬다.

***3 구운 단호박, 구운 주키니**

1 단호박은 5㎜ 두께의 반달 모양으로, 주키니는 5㎜ 두께의 원형으로 썬다.
2 엑스트라 버진 올리브유를 두른 오븐 팬에 늘어놓고, 소금을 뿌린다. 윗불 240℃, 아랫불 250℃의 오븐에 8분간 굽는다.

***4 튀기듯 구운 시금치**

1 시금치는 뿌리를 잘라낸다. 엑스트라 버진 올리브유를 넉넉히 묻히고 오븐 팬에 늘어놓는다.
2 윗불 240℃, 아랫불 250℃의 오븐에 8~10분간 굽는다.

감칠맛 나는 소스로 맛의 베이스를 만든다

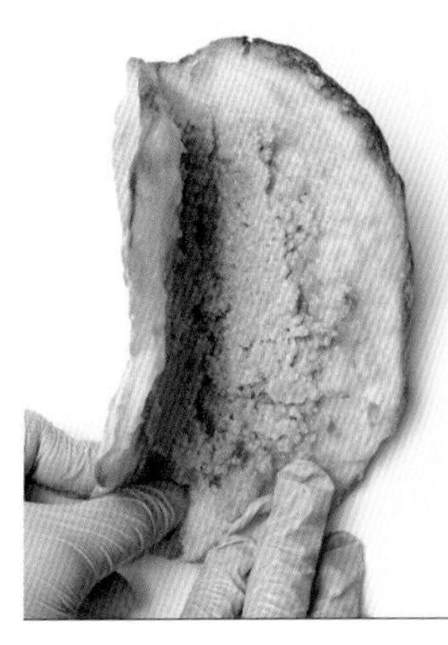

1 빵이 겹치는 부분을 벌리고, 땅콩 코코넛 소스를 바른다. 마늘, 샬롯, 코코넛 밀크를 넣은 진한 소스가 심심한 닭고기의 맛에 깊이를 더한다.

닭고기는 한 번 더 그을려서 고소하게

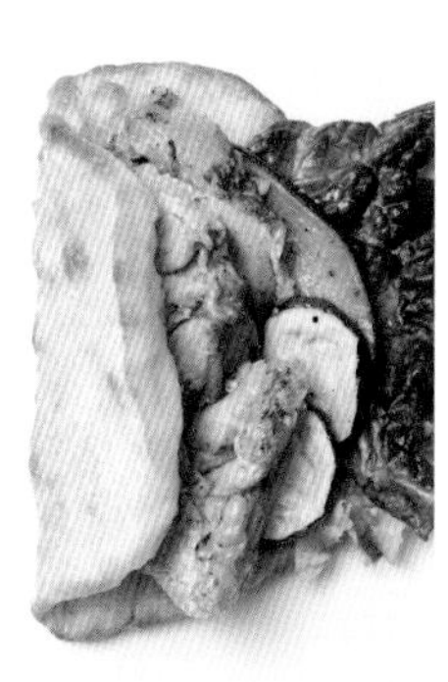

2 적상추를 올리고, 8㎜ 두께로 썬 구운 닭다리살을 올린다. 닭고기는 오븐에 구운 후 토치로 한 번 더 그을려 껍질은 고소하고, 고기는 육즙이 살아 있게 한다. 구운 단호박과 주키니를 닭고기 아래에 넣는다.

채소의 단맛과 식감으로 풍미를 부드럽게

3 올리브유를 넉넉히 묻혀 오븐에 바삭하게 구운 시금치를 올리고, 굵게 부순 볶은 땅콩을 뿌린다.

베이크하우스 옐로나이프

태국식 닭고기구이 가이양 샌드위치

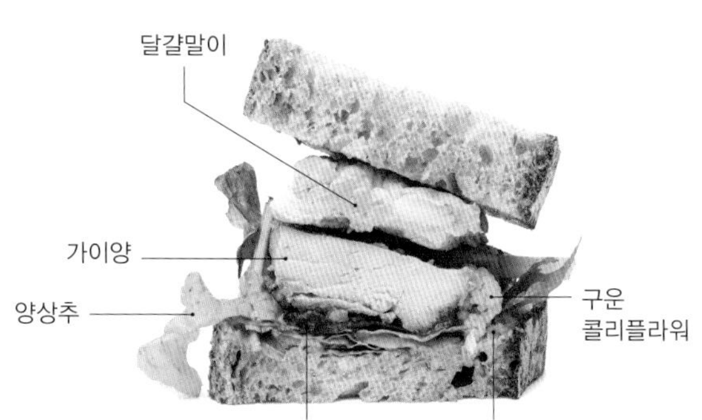

허브와 향신료를 넣어 달콤 짭짤한 맛을 낸 태국식 닭고기구이 '가이양'이 주인공인 샌드위치. 이국적인 느낌이 나지만, 달걀말이를 넣어 전체적인 맛을 순화시켰다. 영양 균형을 고려해 채소를 듬뿍 넣은 것도 특징이다.

사용하는 빵

호밀빵

맷돌로 간 유기농 호밀을 30%, 홋카이도산 강력분을 70% 배합하고, 건포도로 키운 수제 효모종으로 발효해 산뜻한 산미가 특징이다. 슬라이서를 이용해 2㎝ 두께로 썰어서 사용한다.

INGREDIENT

호밀빵(2㎝ 두께로 자른 것) …… 2장
마요네즈 …… 3.5g
양상추 …… 10g
구운 파프리카(빨강, 노랑) …… 19g
발사믹 식초 …… 적당량
구운 콜리플라워 …… 12g
가이양*1 …… 77g
달걀말이*2 …… 1조각

***1 가이양**

A 양파(간 것) …… 1개 분량
마늘(간 것) …… 1쪽 분량
생강(간 것) …… 1쪽 분량
B 굴소스 …… 1큰술
남플라 …… 1작은술
꿀 …… 1큰술
소금 …… 약간
레몬그라스(건조) …… 적당량
닭다리살 …… 2㎏
전분(물에 푼 것) …… 적당량
C 고수 …… 적당량
쪽파 …… 적당량

1 A를 볼에 담고, B를 넣어 고무 주걱으로 섞는다.
2 4㎝ 크기로 썬 닭다리살을 1에 담그고, 냉장실에서 하룻밤 동안 재운다.
3 배트에 석쇠를 놓고, 2를 올려서 200℃ 오븐에 1시간 동안 굽는다.
4 배트에 남은 3의 육즙을 냄비에 옮겨 담는다. 물에 푼 전분과 5㎜ 정도로 다진 C를 넣고, 중불에 조려서 소스를 만든다.
5 4를 3에 묻힌다.

***2 달걀말이**

달걀(4개)에 간장(1큰술), 미림(1큰술), 청주(1큰술), 설탕(1작은술)을 넣고 달걀말이를 만든다. 4등분으로 자른다.

마요네즈를 얇게 바른다

1 2㎝ 두께로 자른 빵을 2장 놓고, 한쪽 면에 마요네즈를 바른다. 빵이 시큼하므로 마요네즈는 산미가 순한 것을 고른다. 은은하게 느껴질 정도로 얇게 바른다.

향긋한 닭고기구이의 주역은 고수

3 굴소스와 남플라로 밑간하고, 소스에 고수를 넣은 태국식 닭고기구이 '가이양'을 3조각 올린다.

3가지 채소로 더욱 건강하게

2 한입 크기로 찢은 양상추, 구운 파프리카, 구운 콜리플라워 순으로 올린다. 구운 파프리카는 180℃ 오븐에 20분간 구운 후, 발사믹 식초에 버무려 감칠맛을 낸다.

감칠맛 나는 달걀로 전체적인 맛을 순하게

4 달걀말이를 잘라서 올린다. 색감도 예쁘고 푸짐함을 더해준다.

더 루츠 네이버후드 베이커리

저크 치킨 샌드위치

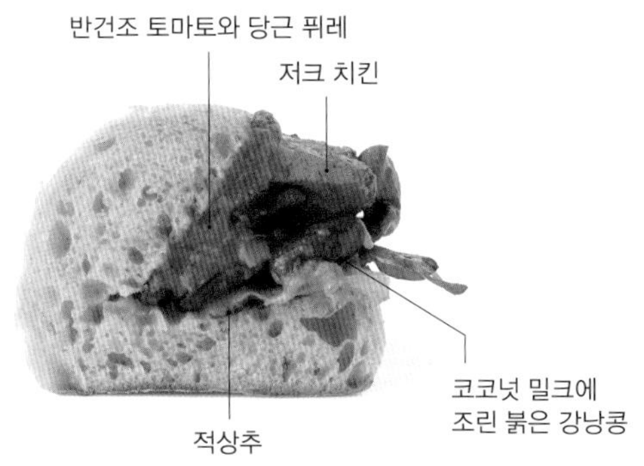

향신료와 레몬을 넣은 케첩에 절여서 고소하게 구운 자메이카 향토 요리 '저크 치킨'을 넣은 샌드위치. 코코넛 밀크에 조린 붉은 강낭콩으로 중남미다운 푸짐함을, 반건조 토마토와 당근 퓌레로 산뜻한 맛을 더한다.

사용하는 빵

터메릭 치아바타

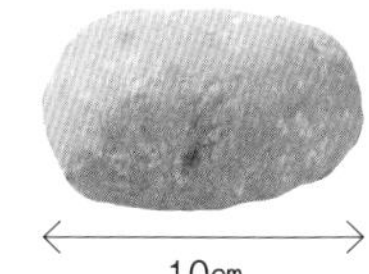

10㎝

플레인 치아바타 반죽에 터메릭 파우더를 넣어 씹는 맛과 촉촉한 식감은 그대로 살리고 화사한 노란색으로 변신한 빵. 카레, 저크 치킨 등 매콤한 재료를 넣는 샌드위치에 주로 사용한다.

INGREDIENT

터메릭 치아바타 …… 1개
적상추 …… 2장
코코넛 밀크에 조린 붉은 강낭콩*1 …… 40g
저크 치킨*2 …… 4조각(40g)
반건조 토마토와 당근 퓌레*3 …… 20g

*1 코코넛 밀크에 조린 붉은 강낭콩

올리브유 …… 적당량
양파(다진 것) …… 500g
마늘(다진 것) …… 3쪽 분량
붉은 강낭콩(물에 삶은 것 · 냉동) …… 1㎏
카레 가루 …… 1큰술
코코넛 밀크 …… 400g
물 …… 적당량
소금, 흑후추 …… 적당량씩

1 냄비에 올리브유를 두르고 중불에 올린다. 양파, 마늘을 넣어 향을 낸다.
2 붉은 강낭콩을 넣고 더 볶다가 카레 가루를 넣어 향을 낸다.
3 코코넛 밀크를 넣고, 담겨 있던 용기에 물을 조금 넣고 헹구어 냄비에 함께 넣는다. 15~20분 정도 중불에서 조리고, 소금과 흑후추로 간을 한다.

*2 저크 치킨

닭다리살 …… 2㎏
소금 …… 10g
올스파이스 파우더 …… 30g
칠리 파우더 …… 15g
가람마살라 …… 10g
레몬즙 …… 1개 분량
케첩 …… 200g

1 소금, 올스파이스 파우더, 칠리 파우더, 가람마살라를 섞어서 닭다리살에 고루 묻힌다. 레몬즙을 짜서 뿌리고, 케첩을 묻혀서 랩으로 감싼다. 하룻밤 동안 냉장실에서 재운다.
2 1의 표면을 물에 씻고, 진공 팩에 넣어 65℃ 중탕으로 40분간 가열한다.
3 샌드위치 속에 넣기 전에 겉면을 프라이팬에 살짝 구워 바삭하게 만든 다음, 한입 크기로 썬다.

*3 반건조 토마토와 당근 퓌레

당근 …… 2개
가염 버터 …… 적당량
물 …… 적당량
월계수 잎 …… 2장
반건조 토마토*4 …… 100g
소금 …… 적당량

1 당근의 껍질을 벗겨서 적당한 크기로 썰고, 냄비에 넣어 가염 버터로 볶는다. 바특한 양의 물과 월계수 잎을 넣고 부드러워질 때까지 조린다.
2 물기를 빼고, 반건조 토마토와 함께 푸드프로세서에 갈아서 부드러운 페이스트로 만든다. 소금으로 간을 한다.

*4 반건조 토마토

방울토마토 …… 적당량
올리브유 …… 적당량
소금 …… 적당량
A 올리브유 …… 100㎖
화이트 와인 비니거 …… 20g
소금 …… 2g
에르브 드 프로방스 …… 2g

1 방울토마토의 꼭지를 떼고, 반으로 잘라서 오븐 팬에 늘어놓는다. 올리브유와 소금을 뿌리고 120℃ 오븐에 약 1시간 동안 굽는다.
2 A를 섞은 것에 1을 담그고, 하룻밤 동안 냉장실에서 절인다.

HOW TO MAKE

1 빵에 가로로 칼집을 낸다. 적상추를 찢어서 넣고, 그 위에 코코넛 밀크에 조린 붉은 강낭콩을 올린다.

2 저크 치킨을 가로 일렬로 늘어놓는다.

3 반건조 토마토와 당근 퓌레를 위쪽 단면에 바른다.

팽 스톡

카라히

'카라히'는 양수 냄비의 통칭이 요리 이름이 된 토마토 베이스의 파키스탄식 카레를 말한다. 풋고추와 생강의 상쾌한 매운맛이 특징이다. 팽 오 르뱅 반죽으로 만든 피타 빵에 이 카레를 채워 넣었다. 향신료의 풍미와 고기의 감칠맛, 곡물의 담백한 맛이 하나가 되어 입안에 퍼진다.

사용하는 빵

피타 빵

이 샌드위치 전용으로 만든 피타 빵으로, '팽 오 르뱅' 반죽으로 만든다. 후쿠오카산 밀을 100% 사용한 프랑스 빵 전용 밀가루에 단맛이 나는 홋카이도산 기타노카오리를 더하고, 호밀 가루와 보리차도 배합한다.

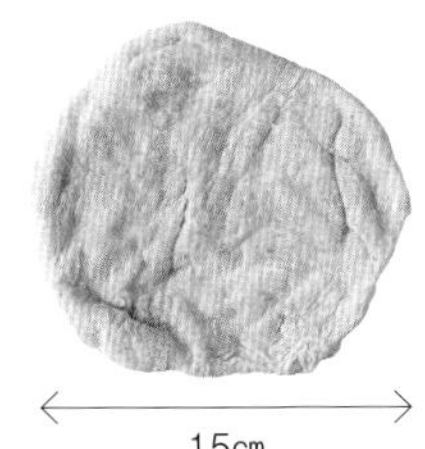

15㎝

INGREDIENT

피타 빵 …… 1/2개
수제 마요네즈(13쪽 참조) …… 2큰술
코울슬로*1 …… 25g
수제 마요네즈, 홀그레인 머스터드 …… 적당량씩
치킨 카라히*2 …… 100g
꽈리고추 피클*3 …… 1개

***1 코울슬로**

양배추(1통)와 당근(2개)을 잘게 채 썰고, 양배추와 당근 중량의 1%만큼 소금을 넣고 섞는다. 10분 정도 두었다가, 배어 나온 물기를 짠다. 꿀(100g), 화이트 와인 비니거(80g), 올리브유(20g)를 넣고 잘 섞는다. 소금(적당량)으로 간을 한다.

***2 치킨 카라히**

카놀라유 …… 250g
A 홍고추 (건조, 꼭지와 씨를 제거한 것) …… 3개
큐민 씨앗 …… 20g
카레 잎 …… 5g
아요완 씨앗 …… 10g
그린 카르다몸 …… 10알
블랙 카르다몸(잘게 부순 것) …… 5알
닭다리살(큼직하게 깍둑썬 것) …… 2㎏
토마토(대강 썬 것) …… 1㎏
B 마늘(다진 것) …… 60g
생강(다진 것) …… 60g
레드 칠리 파우더 …… 30g
터메릭 파우더 …… 20g
소금 …… 25g
양파(얇게 썬 것) …… 2개 분량
요구르트 …… 300g
C 흑후추 …… 10g
가람마살라 …… 25g
꽈리고추(둥글게 썬 것) …… 6개 분량
풋고추(둥글게 썬 것) …… 6개 분량
생강(채 썬 것) …… 20g
케이엔 페퍼, 소금, 사탕수수 설탕 …… 적당량씩

1 프라이팬에 카놀라유와 A의 향신료를 넣고 중불에 올려 향을 낸다.
2 닭다리살을 넣고, 겉면이 익어서 굳기 시작하면 80% 정도 익힌다. 약불로 줄여서 토마토를 넣고, 토마토가 뭉그러질 때까지 조린다.
3 B의 향신료와 소금을 넣고, 고루 섞는다. 양파를 넣고, 걸쭉해질 때까지 조린다.
4 요구르트를 넣고, 중불로 올려서 걸쭉해질 때까지 조린다. C의 향신료를 넣고 잘 섞는다. 케이엔 페퍼, 소금, 사탕수수 설탕으로 맛을 낸다.

***3 꽈리고추 피클**

꽈리고추(1팩)는 꼭지를 떼고 과육에 포크를 찔러서 몇 군데 구멍을 낸다. 피클액을 만든다. 화이트 와인(200g), 물(150g), 사탕수수 설탕(80g), 소금(10g), 얇게 썬 마늘(1쪽 분량), 홍고추(건조, 2개), 월계수 잎(2장), 흑후추(5알)를 냄비에 넣고 불에 올려 한번 끓인다. 사탕수수 설탕이 녹으면 쌀식초(400g)를 넣고 더 끓인다. 불에서 내려 한 김 식히고, 다음 날에 사용한다. 피클액에 꽈리고추를 담그고 하루 이상 둔다.

피타 빵에 코울슬로를 듬뿍 채워 넣는다

1 빵을 반으로 자르고, 그중 한쪽을 사용한다. 단면을 벌려서 안쪽 모든 면에 수제 마요네즈를 바른다. 코울슬로에 수제 마요네즈와 홀그레인 머스터드를 넣고 섞은 다음 빵 바닥에 채워 넣는다.

치킨 카라히를 입구까지 가득 채워 넣는다

2 치킨 카라히를 입구까지 채워 넣고, 꽈리고추 피클을 토핑한다.

팽 스톡

서울

"마치 도시락 같아!"라는 말이 나올 만큼 재료가 듬뿍 든 한국식 샌드위치. 고추장소스를 묻힌 닭가슴살에 2가지 나물과 달걀조림을 조합해 다양한 풍미와 식감이 혼재한다. '세계를 여행한다'라는 테마로 레시피를 고안해, 지명을 상품 이름으로 지은 샌드위치 시리즈 중 하나.

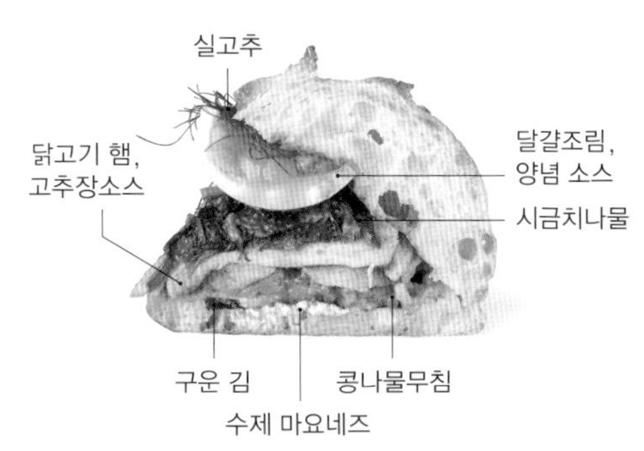

사용하는 빵

기타노카오리

밀가루 대비 110% 이상의 물을 넣어 만드는 루스틱으로, 홋카이도산 밀가루인 기타노카오리 특유의 단맛이 느껴져 인기 있는 빵. 바삭하고 얇은 크러스트, 촉촉하고 입안에서 녹는 크럼은 샌드위치로 만들어도 먹기 편하다.

10㎝

INGREDIENT

기타노카오리 …… 1개
수제 마요네즈(13쪽 참조) …… 2큰술
구운 김(반으로 자른 것을 3등분한 것) …… 1장
콩나물무침*1 …… 30g
닭고기 햄(한입 크기로 썬 것)*2 …… 4조각
고추장소스*3 …… 10g
시금치나물*4 …… 20g
달걀조림*5 …… 1/2개
양념 소스*6 …… 5g
실고추 …… 1자밤

***1 콩나물무침**

콩나물(1봉지)을 데쳐서 물기를 뺀다. 치킨스톡(3g), 적당량의 소금, 참기름(8g)을 섞고, 데친 콩나물에 넣어 무친다.

***2 닭고기 햄**

닭가슴살 …… 3㎏(9개)
소금 …… 45g
그래뉴당 …… 18g
카놀라유 …… 1350g
타임(생) …… 9줄기
오렌지(껍질째 웨지 모양으로 자른 것) …… 1/8개
레몬(껍질째 웨지 모양으로 자른 것) …… 1/4개

1 닭가슴살의 껍질을 벗기고, 소금과 그래뉴당을 문질러 발라 10분 정도 둔다.
2 냄비에 카놀라유, 타임, 오렌지, 레몬을 넣고 중불에 올린다. 기름이 부글부글 소리를 내며 끓으면 불에서 내리고 한 김 식힌다. 오렌지와 레몬은 건져낸다.
3 1의 닭가슴살에서 스며 나온 물을 키친타월로 닦아내고, 두툼한 비닐봉지에 1개씩 나눠서 담는다.
4 3의 봉투에 2의 기름을 닭고기가 충분히 잠길 만큼 부어 넣는다. 이때 타임을 1봉지당 1줄기씩 넣는다. 공기를 빼고, 입구를 단단히 묶는다.
5 약 50℃의 뜨거운 물에 4를 담그고, 저온 조리기로 60℃ · 1시간 30분 중탕한다. 봉지째 꺼내서 냉장실에 보관한다. 사용하기 전에 기름에서 건져내고, 키친타월로 기름을 닦아낸다.

***3 고추장소스**

고추장 …… 30g
간 참깨 …… 30g
혼합 미소 …… 15g
참기름 …… 15g
쌀식초 …… 15g
사탕수수 설탕 …… 10g
진간장 …… 10g
치킨 육즙(26쪽의 '치킨 소테'에서 나온 육즙을 사용) …… 적당량

재료를 한데 넣고 잘 섞는다.

***4 시금치나물**

시금치(1묶음)를 한입 크기로 썰어서 데치고, 찬물에 담갔다가 가볍게 짠다. 간 참깨(15g), 참기름(10g), 진간장(5g), 소금(적당량)을 섞은 다음, 데친 시금치에 넣어 무친다.

***5 달걀조림**

달걀 …… 6개
A 남플라 …… 30g
미림 …… 23g
굴소스 …… 15g
물 …… 200g

1 냄비에 물을 끓이고, 끓으면 달걀을 넣어 8분간 삶는다. 찬물에 옮겨서 식힌다.
2 *A*를 함께 냄비에 넣고 끓인다. 불에서 내려 한 김 식히고, 1의 달걀을 넣어 하루 이상 절인다.

***6 양념 소스**

고추장 …… 15g
사탕수수 설탕 …… 7g
물 …… 10g
진간장 …… 7g
참기름 …… 7g
꿀 …… 20g

재료를 잘 섞는다.

나물과 고추장으로 한국의 맛을 낸다

1 빵에 아래가 1/3이, 위가 2/3가 되도록 가로로 칼집을 낸다. 아랫면에 수제 마요네즈, 구운 김, 콩나물무침을 올린다. 닭고기 햄에 고추장소스를 묻혀서 콩나물무침 위에 늘어놓는다.

실고추는 모양새와 맛의 포인트

2 시금치나물, 반으로 자른 달걀조림을 올리고, 양념 소스를 끼얹는다. 그 위에 실고추를 토핑한다.

팽 스톡

자메이카

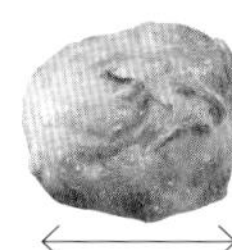

사용하는 빵

기타노카오리

밀가루 대비 110% 이상의 물을 넣어 만드는 루스틱으로, 홋카이도산 밀가루인 기타노카오리 특유의 단맛이 느껴져 인기 있는 빵. 바삭하고 얇은 크러스트, 촉촉하고 입안에서 녹는 크럼은 샌드위치로 만들어도 먹기 편하다.

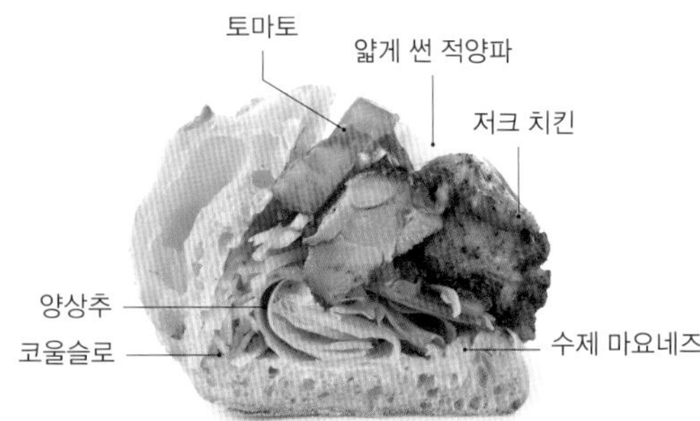

'세계를 여행한다'라는 테마로 만든 샌드위치 시리즈 중 하나. 자메이카의 명물 요리인 '저크 치킨'이 주인공으로, 크고 묵직한 저크 치킨을 넣은 호쾌함이 매력이다. 코울슬로, 얇게 썬 양파 등 생채소를 듬뿍 넣어 신선함을 더했다. 아삭아삭 리드미컬한 식감도 재미있다.

INGREDIENT

기타노카오리 …… 1개
수제 마요네즈(13쪽 참조) …… 2큰술
양상추 …… 1장
코울슬로(39쪽 참조) …… 25g
저크 치킨*1 …… 3~4조각(60g)
적양파(얇게 썬 것) …… 적당량
토마토(1㎝ 두께로 썬 것) …… 1조각

***1 저크 치킨**

A 흑후추 가루 …… 4큰술
넛멕 파우더 …… 1.5큰술
큐민 파우더 …… 1.5큰술
칠리 파우더 …… 적당량
코리앤더 파우더 …… 적당량
케이엔 페퍼 …… 적당량
마늘(간 것) …… 1쪽 분량
저크 시즈닝 파우더 …… 1/2큰술
꿀 …… 50g
진간장 …… 적당량
닭다리살 …… 2㎏
카놀라유 …… 적당량

1 *A* 재료를 볼에 넣고 잘 섞는다.
2 닭다리살을 넣고 잘 주무른 다음, 하루 이상 냉장실에서 재운다.
3 프라이팬에 카놀라유를 두르고, 중불에 올려 달군다. 2의 닭다리살을 껍질이 아래로 가게 넣고 굽는다. 노릇해지면 뒤집은 다음, 뚜껑을 덮어 약불로 10분 정도 굽는다.

HOW TO MAKE

1 빵의 아래가 1/3이, 위가 2/3가 되도록 가로로 칼집을 낸다.

2 단면을 벌려 아랫면에 수제 마요네즈를 바른다. 양상추를 빵 크기에 맞게 접어서 올린다.

3 코울슬로, 저크 치킨, 얇게 썬 적양파 순으로 올리고, 그 위에 토마토를 올린다.

팽 가라토 블랑제리 카페

수제 탄두리 치킨 포카치아 샌드위치

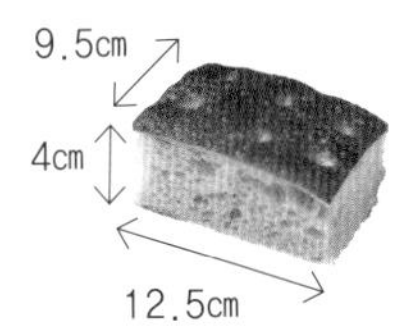

사용하는 빵

포카치아

맥아 분말을 섞은 강력분에 전립분 30%, 밀 배아 0.1%, 옥수숫가루 5%를 배합한 포카치아 반죽은 올리브유의 풍미에 뒤지지 않는 구수한 맛이 난다. 영하 5℃의 도우 컨디셔너에 하룻밤 동안 초저온으로 숙성해 맛이 깊다.

탄두리 치킨
토마토
슬라이스 치즈
머스터드 버터
마요네즈
경수채

코로나 사태 때 포장 메뉴로 인기를 끌었던 매콤한 탄두리 치킨으로 샌드위치를 만들었다. 경수채로 식감을, 치즈로 감칠맛을, 얇게 썬 토마토로 신선함을 더했다. 빵은 전립분과 밀 배아를 배합한 구수한 포카치아를 사용해 만족감이 높은 샌드위치를 완성했다.

INGREDIENT

포카치아 …… 1개
머스터드 버터(시판품) …… 6g
경수채 …… 20g
마요네즈 …… 5g
슬라이스 치즈 …… 15g
토마토(3㎜ 두께로 썬 것) …… 25g
탄두리 치킨*1 …… 40g

***1 탄두리 치킨**

닭다리살 …… 2㎏
A 요구르트 …… 400g
터메릭 …… 5g
큐민 …… 5g
코리앤더 …… 5g
파프리카 파우더 …… 5g
생강 가루 …… 3g
마늘 가루 …… 3g

닭다리살을 *A*에 8시간 이상 재운 다음, 프라이팬에 양면을 3분씩 굽는다.

HOW TO MAKE

1 빵의 위에서 아래로 약간 비스듬히 칼집을 내고, 아랫면에 머스터드 버터를 바른다.

2 약 2㎝ 폭으로 썬 경수채를 깔고, 마요네즈를 짠다. 4㎝ 폭으로 자른 치즈를 늘어놓고, 토마토와 탄두리 치킨을 올린다.

소고기, 돼지고기, 그 외 고기 샌드위치

BRAND-NEW SANDWICH

크래프트 샌드위치

로스트비프 & 잎새버섯

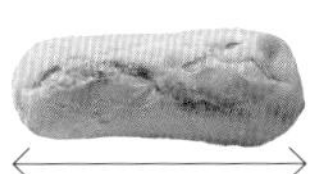

사용하는 빵

미니 바게트

일반 바게트의 1/3 정도인 작은 바게트. 재료의 맛이 돋보이도록 심심한 바게트를 선택했다. 먹기 편하게 크러스트는 얇고 속은 쫄깃하게 만들었지만, 토스트하면 바삭해진다.

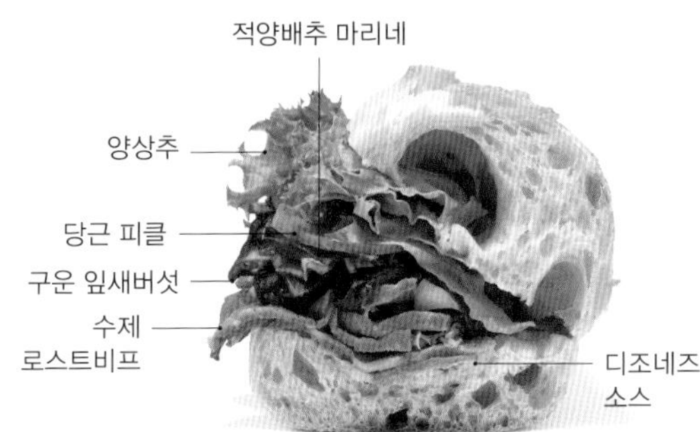

로스트비프와 채소를 넉넉히 넣은 대표 메뉴 중 하나로, 추워지는 가을·겨울에는 구운 잎새버섯을 조합해 계절감을 연출한다. 로스트비프에는 디종 머스터드와 마요네즈를 섞은 디조네즈 소스를 곁들인다. 신선한 이탈리아 파슬리로 향긋함을 더했다.

INGREDIENT

미니 바게트 …… 1개
디조네즈 소스*1 …… 25g
수제 로스트비프*2 …… 50g
구운 잎새버섯*3 …… 20g
적양배추 마리네*4 …… 20g
당근 피클*5 …… 14g
양상추 …… 10g

***1 디조네즈 소스**
이탈리안 파슬리(10g), 디종 머스터드(50g), 마요네즈(100g)를 섞는다.

***2 수제 로스트비프**
소 설도(약 500g), 게랑드산 소금(소고기 중량의 1%), 엑스트라 버진 올리브유(15g)를 진공 팩에 넣어 잘 주무르고, 저온 조리기(58℃)로 3시간 반 동안 가열한다. 냉장실에 차갑게 두었다가 2㎜ 두께로 썬다.

***3 구운 잎새버섯**
밑동을 잘라내고 뜯은 잎새버섯(1팩)에 엑스트라 버진 올리브유(10g)를 뿌리고 180℃ 오븐에 10분간 굽는다. 냉장실에서 식히고 약간의 소금(게랑드산)을 뿌린다.

***4 적양배추 마리네**
적양배추(1/4통)와 적양파(1/8개)를 잘게 채 썰고, 소금(5g), 사탕수수 설탕(5g), 엑스트라 버진 올리브유(10g), 화이트 와인 비니거(20g)와 섞는다.

***5 당근 피클**
당근(1/2개)의 껍질을 벗긴 다음 2㎜ 두께로 둥글게 썬다. 냄비에 화이트 와인 비니거(50g), 물(25g), 사탕수수 설탕(15g), 게랑드산 소금(1g)을 넣고 끓인다. 냄비를 불에서 내리고 당근을 넣어 30분 이상 절인다.

HOW TO MAKE

1 빵에 가로로 칼집을 낸다. 모든 단면에 디조네즈 소스를 바른다.

2 수제 로스트비프, 구운 잎새버섯, 적양배추 마리네, 당근 피클, 양상추를 넣는다.

33(산주산)

로스트비프 & 오렌지

사용하는 빵

피셀

겉은 바삭하고 속은 촉촉해서 씹는 맛이 좋은 샌드위치 전용 빵이다. 홋카이도산 준강력분을 사용한 바게트 반죽을 13~18℃에서 하룻밤 발효한 후, 200g으로 분할한다. 충분히 발효해 폭신하고 가벼운 식감이 나게 굽는다. 반으로 잘라 사용한다.

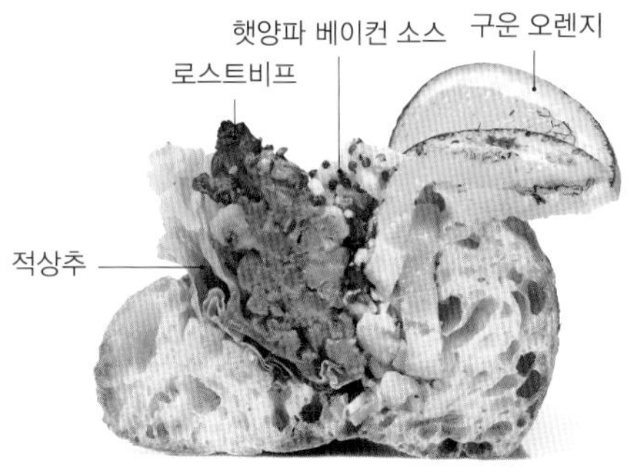

소 설도를 저온 조리해 식감이 촉촉한 수제 로스트비프에, 햇양파와 건염 베이컨에 홀그레인 머스터드와 올리브유를 섞은 소스를 더해 산미와 식감을 강조했다. 오븐에 껍질째 구운 오렌지의 응축된 단맛과 향이 로스트비프의 감칠맛을 끌어올린다.

INGREDIENT

피셀 ······ 1/2개
적상추 ······ 1장
로스트비프*1 ······ 90~100g
햇양파 베이컨 소스*2 ······ 40~50g
구운 오렌지*3 ······ 2조각

***1 로스트비프**

소 설도(2㎏)에 소금(소고기 중량의 1.5%)과 적당량의 흑후추, 큐민 씨앗을 묻힌다. 엑스트라 버진 올리브유를 발라서 진공 팩에 넣고 냉장실에 2일 동안 둔다. 63~65℃의 저온 조리기에 1시간 30분 동안 가열하고, 2~3㎜ 두께로 썬다.

***2 햇양파 베이컨 소스**

햇양파 ······ 1.5개
베이컨 ······ 300g
홀그레인 머스터드 ······ 150g
흑후추 ······ 적당량
엑스트라 버진 올리브유 ······ 적당량

1 햇양파는 굵게 다져서 물에 담갔다가 물기를 뺀다. 베이컨은 굵게 다진다.
2 1에 홀그레인 머스터드, 흑후추, 올리브유를 넣고 섞는다.

***3 구운 오렌지**

오렌지를 껍질째 5㎜로 둥글게 썰고, 윗불 240℃, 아랫불 250℃의 오븐에 8~10분간 굽는다.

HOW TO MAKE

1 빵에 칼집을 내고, 적상추를 깐다.

2 로스트비프를 올리고, 햇양파 베이컨 소스를 끼얹는다.

3 구운 오렌지를 넣는다.

그루페토

수제 로스트포크, 팔삭귤, 쑥갓, 호두 루스틱 샌드위치

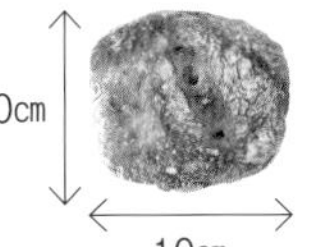

사용하는 빵

호두 루스틱

호두를 반죽 대비 15%를 배합했다. 호두가 물을 잘 흡수해서, 가수율 103%의 반죽을 사용한다. 밀가루는 단맛이 나고 풍미가 좋은 기타노카오리 100%. 미량의 이스트로 발효해 밀가루의 풍미를 전면에 내세웠다.

이탈리아 셰프에게 배운 조합인 '쑥갓×팔삭귤×파스트라미×휩 머스터드'를 샌드위치로 응용했다. 고기는 로스트포크로 만들어 푸짐함을 더하고, 팔삭귤은 마멀레이드를 넣는 영국의 샌드위치에서 힌트를 얻어 잼으로 만들었다. 부드러운 휩 머스터드가 전체를 아우른다.

INGREDIENT

호두 루스틱 …… 1개
버터 …… 10g
쑥갓 샐러드*1 …… 25g
수제 로스트포크*2 …… 80g
팔삭귤잼*3 …… 20g
휩 머스터드*4 …… 1큰술
로즈메리 …… 1줄기

***1 쑥갓 샐러드**

발사믹 식초(60g), 엑스트라 버진 올리브유(60g), 소금(3g), 흑후추(소량)를 섞고, 큼직하게 썬 쑥갓(100g)을 버무린다.

***2 수제 로스트포크**

돼지 목살(1.5㎏)을 블러드 오렌지(얇게 썬 것, 100g), 올리브유(50g), 꿀(30g), 소금(20g), 흑후추(5g), 로즈메리(2줄기)를 섞은 마리네액에 담가서 하룻밤 동안 재운다. 마리네액과 함께 63℃ 중탕으로 5시간 동안 저온 조리한다. 겉면을 고소하게 굽고, 1.5㎝ 두께로 썬다.

***3 팔삭귤잼**

팔삭귤의 겉껍질을 벗겨 하얀 심을 제거하고, 속껍질도 벗긴다. 겉껍질을 잘게 썰어 과육과 섞는다. 귤 중량의 40%만큼 그래뉴당을 넣고, 수분이 사라질 때까지 조린다.

***4 휩 머스터드**

생크림(유지방분 38%, 100g)을 100%까지 거품을 내고, 홀그레인 머스터드(50g)를 넣어 섞는다.

HOW TO MAKE

1 빵에 칼집을 내고 아랫면에 버터를 바른다. 쑥갓 샐러드, 로스트포크, 팔삭귤잼을 담는다. 휩 머스터드를 얹고, 로즈메리로 장식한다.

샌드위치 앤 코

BTM 샌드위치

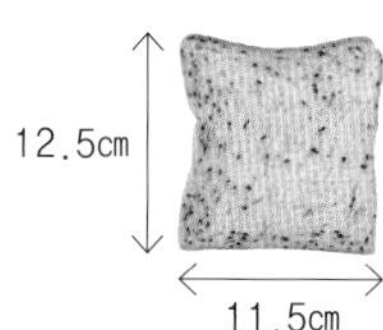

사용하는 빵

검은깨 식빵

이곳에서 사용하는 빵은 모두 첨가물과 보존료를 넣지 않는다. 폭신한 반죽에 더해진 검은깨의 톡톡 터지는 식감과 고소함이 빵의 맛을 살린다. 통 식빵을 6장으로 썰어서 사용한다.

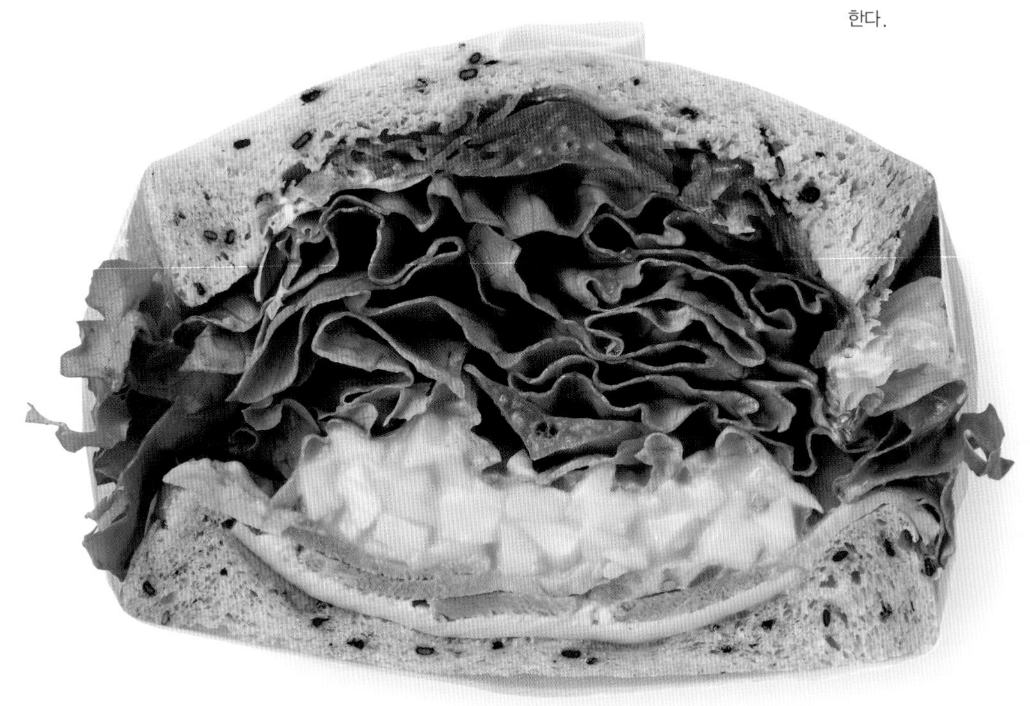

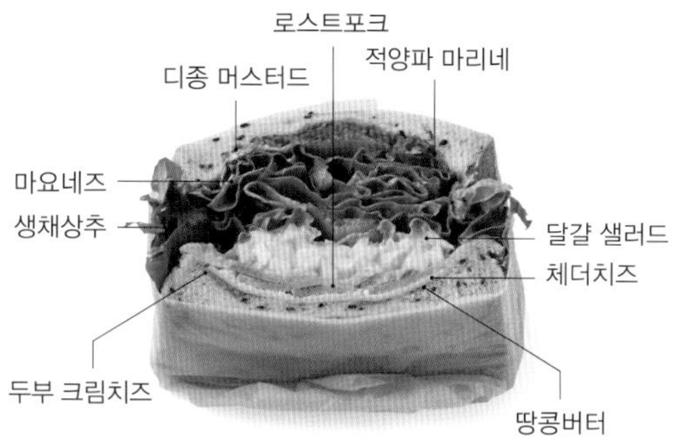

BLT가 아닌 BTM*은 이름 그대로 돼지고기·달걀·적양파 3가지가 주인공이다. 생채상추와 두부 크림치즈 등 건강한 재료도 넣어 영양 균형을 맞춘 샌드위치를 만들었다. 허브솔트에 버무린 달걀 샐러드의 향과 적양파 마리네의 씁쓸함과 산미가 맛을 살려준다.

* 일본어로 돼지고기(부타니쿠)·달걀(타마고)·적양파(무라사키 타마네기)를 의미한다.

INGREDIENT 2개 분량

검은깨 식빵 …… 2장
땅콩버터 …… 1큰술
체더치즈(슬라이스) …… 1장
두부 크림치즈(19쪽 참조) …… 2작은술
로스트포크*1 …… 약 70g(3~4조각)
달걀 샐러드(20쪽 참조) …… 60g
생채상추 …… 1~2장
마요네즈 …… 5g
적양파 마리네*2 …… 25g
디종 머스터드 …… 6g

***1 로스트포크**

돼지 목살(1㎏)에 누룩 소금(5큰술)을 문질러 바르고, 냉장실에 하룻밤 동안 둔다. 125℃ 오븐에 99분간 굽는다. 불을 끄고 오븐 문을 닫은 채 40분간 둔다.

***2 적양파 마리네**

적양파를 얇게 썰고, 곡물 식초와 허브솔트에 버무린다.

HOW TO MAKE

1 빵 1장에 땅콩버터를 바르고, 체더치즈, 두부 크림치즈, 2㎜ 두께로 썬 로스트포크, 달걀 샐러드를 올린다.

2 생채상추를 올리고 마요네즈를 끼얹은 다음, 적양파 마리네를 올린다. 남은 빵 1장에 디종 머스터드를 바르고 덮는다. 종이로 감싸서 반으로 자른다.

샌드위치 앤 코

로스트포크와 잎새버섯 샌드위치 절반

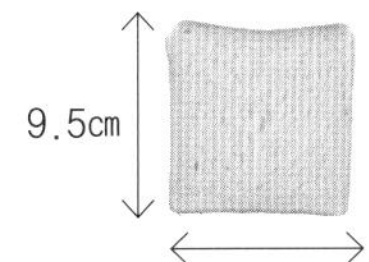

사용하는 빵

흰 식빵 (작은 것)

푸짐한 재료를 잘 감싸기 위해 적당히 탄력 있는 식빵을 채택했다. 반찬 계열을 넣을 때는 1.5㎝ 두께로, 과일을 넣을 때는 1.2㎝ 두께로 자른다. '빵의 가장자리도 맛의 요소'로 여겨서, 가장자리를 그대로 두고 재료를 채우는 것이 이곳의 원칙.

콘셉트는 '잎새버섯의 식감과 향을 즐기는 샌드위치'. 이를 위해 돼지고기 맛을 굳이 내세우지 않도록 얇게 썰고, 올리브유와 허브솔트로 심플하게 볶은 잎새버섯을 돼지고기와 같은 분량으로 넣었다. 두부 크림치즈와 감칠맛과 마요네즈의 산미가 빵과 재료를 연결하는 역할을 한다.

INGREDIENT 2개 분량

흰 식빵(작은 것) …… 2장
땅콩버터 …… 1/2큰술
두부 크림치즈(19쪽 참조) …… 1작은술
로스트포크(48쪽 참조) …… 약 35g
잎새버섯 소테*1 …… 35g
삶은 달걀 …… 1/3개
생채상추 …… 1장
마요네즈 …… 2.5g
당근 라페(20쪽 참조) …… 5g
디종 머스터드 …… 3g

***1 잎새버섯 소테**
올리브유를 둘러서 달군 프라이팬에 잎새버섯을 볶고, 허브솔트로 맛을 낸다.

HOW TO MAKE

1 빵 1장에 땅콩버터를 바른 다음 그 위에 두부 크림치즈를 바른다.

2 2㎜ 두께로 썬 로스트포크를 늘어놓고, 잎새버섯 소테를 올린다.

3 얇게 썬 삶은 달걀을 늘어놓고, 생채상추를 올리고 마요네즈를 끼얹는다. 당근 라페를 올린다.

4 남은 빵 1장에 디종 머스터드를 바르고 덮는다. 종이로 감싸서 반으로 자른다.

샌드위치 앤 코

차슈, 달걀조림, 대파 라유 샌드위치

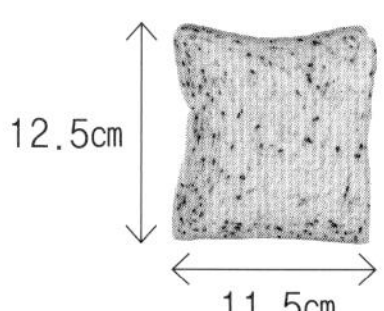

사용하는 빵

검은깨 식빵

이곳에서 사용하는 빵은 모두 첨가물과 보존료를 넣지 않는다. 폭신한 반죽에 더해진 검은깨의 톡톡 터지는 식감과 고소함이 빵의 맛을 살린다. 통 식빵을 6장으로 썰어서 사용한다.

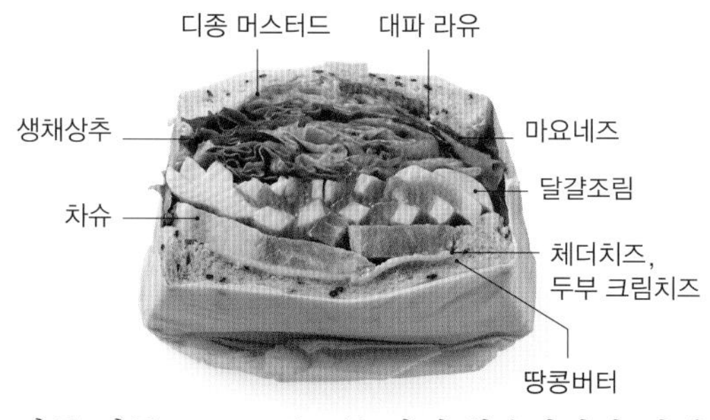

잘못 만든 로스트포크를 다시 활용하다가 탄생한 샌드위치. 수제 누룩 소금에 절여서 구운 다음 양념에 조려 고기의 감칠맛을 더욱 높인 차슈에, 라멘 하면 떠오르는 달걀조림과 대파 라유를 조합해 재치를 더했다. 대파의 아삭한 식감과 매콤한 맛이 원 포인트.

INGREDIENT 2개 분량

검은깨 식빵 …… 2장
땅콩버터 …… 1큰술
체더치즈(슬라이스) …… 1장
두부 크림치즈(19쪽 참조) …… 2작은술
차슈(1㎝ 두께)*1 …… 150g
달걀조림(얇게 썬 것)*2 …… 1개
생채상추 …… 1~2장
마요네즈 …… 5g
대파 라유*3 …… 20g
디종 머스터드 …… 6g

***1 차슈**

돼지 목살(2㎏)에 누룩 소금(5큰술)을 문질러 발라서 하룻밤 동안 재우고, 120℃ 오븐에 99분간 굽는다. 냄비에 돼지고기, 간장(200㎖), 미림(6큰술), 청주(4큰술), 사탕수수 설탕(4큰술), 대파의 파란 부분(2~3대)을 넣고, 물을 바특하게 부어 가열한다. 끓으면 약불로 줄여서 1시간 동안 조린다.

***2 달걀조림**

차슈를 조린 국물에 삶은 달걀을 넣고 데운다. 그대로 식혀서 냉장실에 하룻밤 이상 둔다.

***3 대파 라유**

대파의 흰 부분(대파 3~4대 분량)을 곱게 채 썰어 치킨스톡(과립, 1큰술)과 라유(1큰술)에 버무리고, 하룻밤 동안 재운다.

HOW TO MAKE

1 빵 1장에 땅콩버터를 바르고, 체더치즈, 두부 크림치즈, 차슈, 달걀조림을 올린다. 생채상추를 올리고 마요네즈를 끼얹은 다음, 대파 라유를 올린다.

2 남은 빵 1장에 디종 머스터드를 바르고 덮는다. 종이로 감싸서 반으로 자른다.

더 루츠 네이버후드 베이커리

사워 오이와 소금 돼지 샌드위치

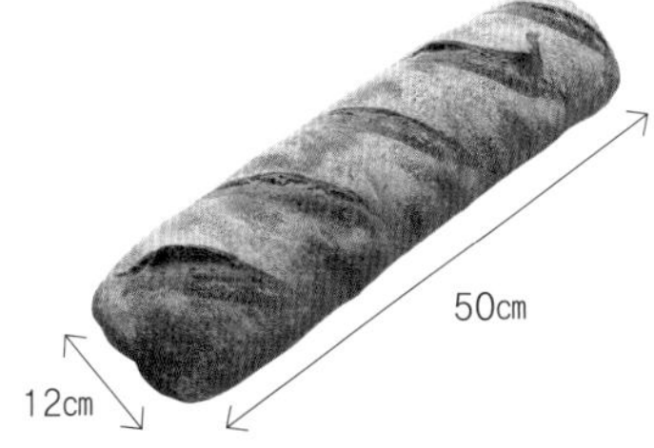

사용하는 빵

캉파뉴

이곳의 간판 상품이기도 한 대형 호밀빵은 2가지 수제 효모종을 사용해 하룻밤 동안 천천히 발효시켜 깊은 맛이 매력이다. 샌드위치 전용으로, 기포가 너무 많이 생기지 않게 길쭉하게 성형한 것을 잘라서 사용한다.

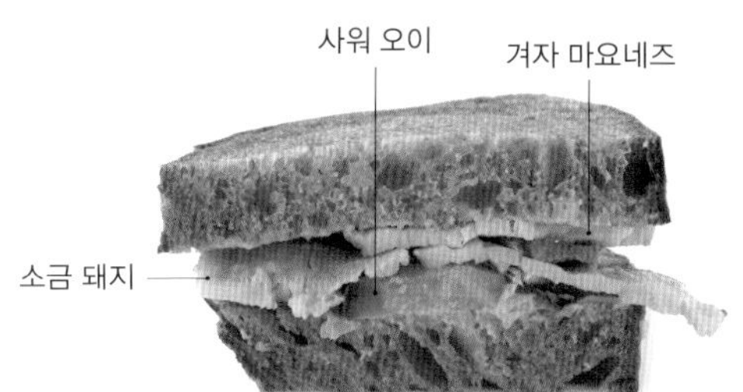

언뜻 보면 단순한 햄 오이 샌드위치. 하지만 오이는 사용하는 빵인 캉파뉴에도 넣는 사워종에 담가서 서서히 산미가 스며들게 한 피클이다. 고소하게 구워서 저온 조리한 소금 돼지, 겨자 마요네즈와의 조화로 어디서도 보지 못한 맛을 탄생시켰다.

INGREDIENT

캉파뉴(1.2㎝ 두께로 자른 것) …… 2장
겨자 마요네즈*1 …… 2큰술
얇게 썬 사워 오이*2 …… 8조각(40g)
얇게 썬 소금 돼지*3 …… 3조각(25g)

***1 겨자 마요네즈**

마요네즈(500g)에 겨자 가루(10g)를 넣어 잘 섞고, 냉장실에 하룻밤 동안 둔다.

***2 사워 오이**

오이는 껍질을 군데군데 남기며 벗기고, 소금을 문질러 발라서 냉장실에 하룻밤 동안 둔다. 물에 씻어서 물기를 닦아내고, 빵에 넣는 사워종에 2일 동안 절인다. 꺼내서 물에 씻고, 5㎜ 두께로 썬다.

***3 소금 돼지**

돼지 삼겹살(덩어리) …… 1㎏
소금(돼지고기 중량의 3%) …… 30g
그래뉴당(돼지고기 중량의 1%) …… 10g
올리브유 …… 적당량

1 돼지 삼겹살에 소금과 그래뉴당을 문질러 바르고, 랩으로 감싸 냉장실에서 2일 밤 동안 절인다.
2 프라이팬에 올리브유를 둘러 중불에 올린다. 삼겹살 겉면을 물에 씻고, 지방이 많은 면을 구워서 노릇한 색을 낸다. 진공 팩에 넣고 75℃ 중탕에 1시간 동안 가열한다. 5㎜ 두께로 썬다.

HOW TO MAKE

1 빵 2장에 겨자 마요네즈를 바른다.

2 그중 1장에 얇게 썬 사워 오이, 얇게 썬 소금 돼지 순으로 올린다.

3 남은 빵 1장을 겨자 마요네즈를 바른 면이 아래로 가게 덮는다.

33(산주산)

슈쿠르트 &
염장 알밤 돼지*

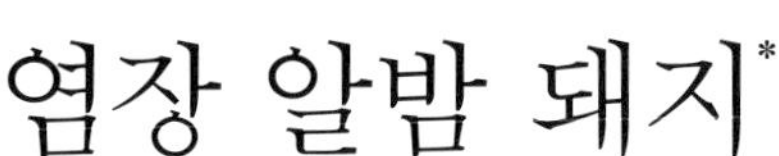

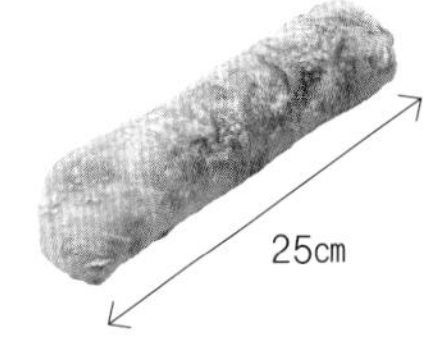

사용하는 빵

피셀

겉은 바삭하고 속은 촉촉해서 씹는 맛이 좋은 샌드위치 전용 빵이다. 홋카이도산 준강력분을 사용한 바게트 반죽을 13~18℃에서 하룻밤 발효한 후, 200g으로 분할한다. 충분히 발효해 폭신하고 가벼운 식감이 나게 굽는다. 반으로 잘라 사용한다.

저온 조리해서 감칠맛을 머금은 돼지 목살을 오븐에 고소하게 구워 두툼하게 썰었다. 진공 조리법으로 발효해 산미가 스며든 봄 양배추 슈쿠르트와 구운 감자를 함께 하드 계열 빵 속에 넣었다. 시큼한 양배추의 아삭아삭한 식감이 식욕을 돋우는 샌드위치.

* 스페인 갈리시아 지방에서 알밤을 먹여 키운 돼지.

INGREDIENT

피셀 …… 1/2개
버터 …… 10g
머스터드 …… 5g
적상추 …… 1장
슈쿠르트*1 …… 45g
염장 알밤 돼지*2
 …… 100~110g
구운 감자*3 …… 2조각

***1 슈쿠르트**

봄 양배추(1통, 약 650g)를 대강 썰고, 소금(양배추 중량의 2%)을 넣어 주무른다. 진공 팩에 넣고, 2~3주 동안 실온에 두어 발효시킨다.

***2 염장 알밤 돼지**

돼지 목살(3㎏)을 사용한다. 돼지고기를 반으로 잘라 소금(돼지고기 중량의 1.5%)과 그래뉴당(돼지고기 중량의 0.5%)을 고루 묻힌다. 진공 팩에 넣어 70~72℃ 저온 조리기에서 3시간 동안 가열한 다음, 윗불 240℃, 아랫불 250℃의 오븐에 15~20분간 굽는다. 8㎜ 두께로 썬다.

***3 구운 감자**

감자의 껍질을 벗기고 6㎜ 두께로 썬다. 소금을 살짝 뿌리고, 윗불 240℃, 아랫불 250℃의 오븐에 8분간 굽는다.

HOW TO MAKE

1 빵에 칼집을 낸 다음, 버터와 머스터드를 바른다. 적상추를 깐다.

2 슈쿠르트를 조금 올리고, 염장 알밤 돼지를 올린다.

3 구운 감자를 올리고, 남은 슈쿠르트를 마저 올린다.

그루페토

돈가스 달걀 버거

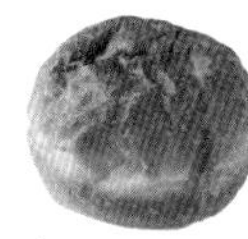

사용하는 빵

뵈르 살레

천연 효모를 넣어 저온에서 장시간 발효한 고가수율 식빵 반죽을 사용한다. 120g으로 분할하고 가염 버터 10g을 감싸서 성형한다. 오븐에 넣기 전에 녹인 버터를 바르고, 암염을 뿌려서 굽는다. 쫄깃한 식감이 특징이며, 바삭한 돈가스의 식감과의 대비도 재미있다.

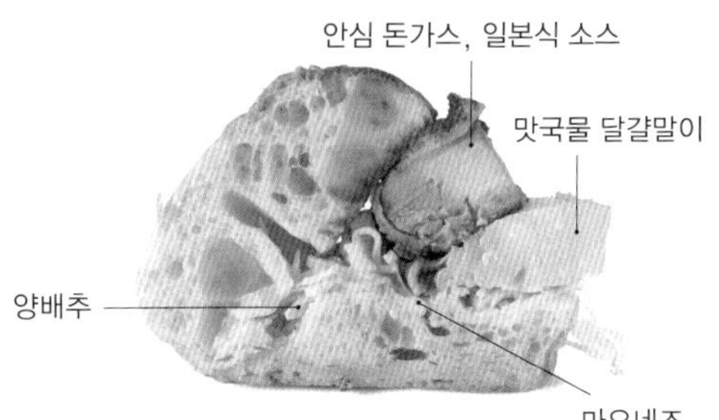

SNS에서 본 달걀을 돈가스 아래에 깐 덮밥에서 착안해, 인기 있는 '두툼한 맛국물 달걀말이 샌드위치'와 '안심 돈가스 샌드위치'를 결합했다. 맛국물 달걀말이와 안심 돈가스를 3㎝ 두께로 만들고, 여기에 포만감 있는 인기 빵 '뵈르 살레'를 조합했다. 버터와 달걀말이, 돈가스의 풍미가 하나로 어우러진다.

INGREDIENT

뵈르 살레 …… 1개
마요네즈 …… 10g
양배추(잘게 채 썬 것) …… 25g
맛국물 달걀말이*1 …… 60g
안심 돈가스*2 …… 130g
일본식 소스*3 …… 30g

***1 맛국물 달걀말이**

달걀 …… 8개
가다랑어포 다시마 국물 …… 180g
우스구치 간장 …… 10g

달걀을 풀고 국물과 우스구치 간장을 넣어 섞는다. 달걀말이 팬에 샐러드유를 두르고, 달걀물을 여러 번 나누어 부으며 젓가락으로 말아서 굽는다. 식혀서 10등분한다.

***2 안심 돈가스**

돼지 안심, 돼지고기 중량의 1%의 소금과 1%의 올리브유를 진공 팩에 넣고, 63℃ 중탕으로 90분간 저온 조리한다. 빵가루를 묻혀서 180℃로 달군 샐러드유에 튀긴다. 식혀서 3㎝ 폭으로 썬다.

***3 일본식 소스**

미림 …… 180g
A 진간장 …… 60g
일본식 분말 육수 …… 10g
사탕수수 설탕 …… 30g
전분 …… 15g

미림을 끓여서 알코올을 날리고, 미리 섞어둔 *A*를 넣는다.

HOW TO MAKE

1 빵에 가로로 칼집을 내고, 아랫면에 마요네즈를 짠다.

2 잘게 채 썬 양배추를 올리고, 그 위에 맛국물 달걀말이와 안심 돈가스를 올린다. 일본식 소스를 끼얹는다.

베이크하우스 옐로나이프

쿠바 샌드위치

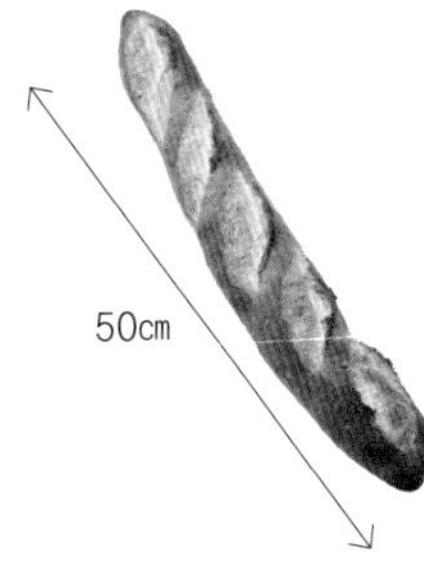

사용하는 빵

바게트

반죽에 수제 몰트 시럽을 넣는 것이 특징이다. 오토리즈*를 주어 충분히 흡수시킨 후 90분간 발효한다. 펀치해서 가스를 빼고, 40분간 더 발효한 후 굽는다. 스트레이트법으로 반죽해 담백하고 질리지 않는 맛의 바게트.

* 밀가루와 물(몰트 포함)을 미리 반죽해 휴지시키는 과정.

수제 풀드포크를 듬뿍 넣고, 긴 소시지까지 더한 푸짐한 쿠바 샌드위치. 풀드포크는 구울 때 깔아둔 채소도 함께 버무려, 당근과 양파의 단맛도 감칠맛의 요소가 된다. 바게트 속에 넣고 꾹 누르지 않고 구워서 빵 본연의 맛도 즐길 수 있다.

INGREDIENT

바게트 …… 1개
옐로 머스터드 …… 5g
풀드포크*1 …… 100g
무색소 소시지 …… 3개
체더치즈 …… 20g
녹인 버터 …… 5g

***1 풀드포크**

돼지 목살 …… 2㎏
A 소금, 흑후추 …… 1큰술씩
　설탕 …… 3큰술
　파프리카 파우더 …… 3큰술
　케이엔 페퍼 …… 약간
　큐민 파우더 …… 2작은술
물 …… 150g
양파 …… 1개
당근 …… 1개
마늘 …… 2쪽
B 바비큐 소스 …… 275g
　케첩 …… 200g
　소금, 흑후추 …… 적당량씩

1 돼지 목살에 A를 문질러 바르고, 냉장실에서 2일 정도 재운다.
2 더치 오븐에 물을 넣고, 두껍게 썬 양파와 당근, 마늘과 1을 넣고 불에 올린다. 끓으면 불을 약하게 줄이고 5분간 가열한다.
3 뚜껑을 덮고, 200℃ 오븐에 넣어 2시간 동안 구운 후, 그대로 1시간 동안 뜸을 들인다. 식으면 고기를 찢고, B를 넣어 섞는다.

HOW TO MAKE

1 빵에 가로로 칼집을 내고, 아랫면에 옐로 머스터드를 바른다. 풀드포크, 무색소 소시지, 체더치즈를 올리고, 빵 겉면에 녹인 버터를 바른다.

2 오븐 팬에 담고 종이 포일을 씌운다. 그 위에 다른 오븐 팬을 덮어서 240℃ 오븐에 14분간 굽는다. 3등분으로 자른다.

그루페토

대만 버거

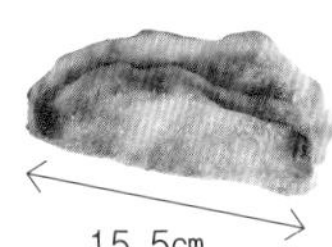

사용하는 빵

파카 번

은은한 단맛과 쫄깃한 식감을 의도한 식빵 반죽을 둥글납작하게 밀고, 한쪽 면에 올리브유를 발라 바오즈처럼 반으로 접어서 성형한다. 얇게 민 가장자리의 고소하고 바삭한 식감이 특징.

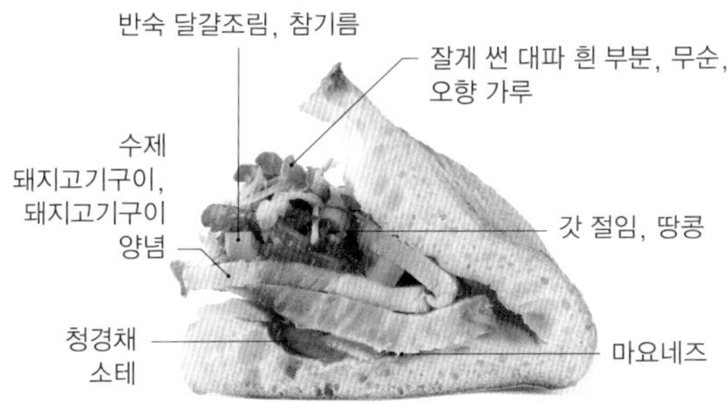

대만에서 맛본 '돼지×갓×땅콩'의 조합과 대만식 만두 '바오즈'에서 고안했다. 달콤 짭짤한 양념과 잘 어울리는 반숙 달걀조림을 조합해 만족감을 높이고, 오향 가루를 뿌려 독특한 이국적 정서가 넘치는 샌드위치를 만들었다. 얇게 썬 반숙 달걀조림에 참기름을 발라 마르지 않게 하면서 풍미를 높이는 것도 포인트.

INGREDIENT

파카 번 …… 1개
마요네즈 …… 10g
청경채 소테*1 …… 2조각
수제 돼지고기구이(1㎝ 두께로 썬 것)*2 …… 2조각
돼지고기구이 양념*3 …… 10g
반숙 달걀조림(얇게 썬 것)*4 …… 3조각
참기름 …… 약간
갓 절임(시판품) …… 10g
땅콩 …… 약간
잘게 썬 대파 흰 부분 …… 5g
무순 …… 5g
오향 가루 …… 약간

***1 청경채 소테**
참기름에 볶아서 소금을 뿌린다.

***2 수제 돼지고기구이**
돼지 목살(1㎏)을 진간장(200g), 중국 간장(100g), 미림(150g), 청주(150g), 흑당(100g), 마늘(1쪽), 파(1대)를 섞은 마리네액에 담가서 하룻밤 동안 재운다. 마리네액과 함께 63℃ 중탕으로 5시간 동안 저온 조리한다. 돼지고기를 꺼내서 물기를 닦아내고, 꿀(30g)을 표면에 발라서 200℃ 오븐에 10분간 굽는다. 마리네액은 따로 보관한다.

***3 돼지고기구이 양념**
수제 돼지고기구이의 마리네액을 걸쭉해질 때까지 졸인다.

***4 반숙 달걀조림**
수제 돼지고기구이에서 고기를 재웠던 마리네액을 졸인다. 한 김 식힌 양념에 반숙 삶은 달걀을 담가서 12시간 이상 재운다.

HOW TO MAKE

1 빵의 가운데를 벌려서 중앙에 마요네즈를 짠다. 청경채 소테와 돼지고기구이를 올리고, 양념을 바른다. 반숙 달걀조림을 늘어놓고, 윗면에 참기름을 바른다.

2 갓 절임과 땅콩을 올린다. 잘게 썬 대파 흰 부분과 무순을 올리고, 오향 가루를 뿌린다.

더 루츠 네이버후드 베이커리

루러우빵

달콤 짭짤한 돼지고기 조림을 얹은 대만식 덮밥 '루러우판'은 일본에서도 인기가 많다. 어느 날 길거리에서 '루러우 주먹밥'이 상품화된 것을 보고, 샌드위치로 응용하자는 아이디어가 떠올랐다. 쫄깃하고 부드러운 치아바타 속에 고기 조림을 넣고, 카레 맛 콩나물과 매콤한 달걀조림도 곁들여 대만의 맛을 강조했다.

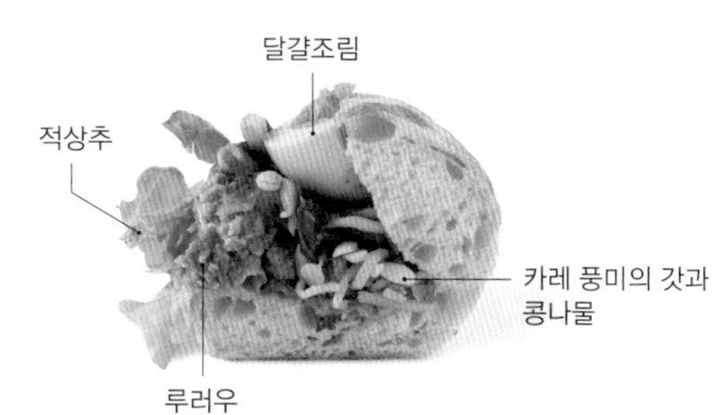

사용하는 빵

치아바타

샌드위치용으로 굽는 치아바타는 손으로 반죽하는 세미 하드 계열. 씹는 맛이 제대로 나고 베어 먹기 편해서 샌드위치에 적합하다. 올리브유를 10% 배합해, 차가워도 딱딱해지지 않아서 냉장 샌드위치도 만들 수 있다.

INGREDIENT

치아바타 …… 1개
적상추 …… 2장
루러우*1 …… 30g
카레 풍미의 갓과 콩나물*2 …… 30g
달걀조림*3 …… 1/4개×2

***1 루러우**

돼지 자투리 고기 …… 1㎏
올리브유 …… 적당량
마늘(다진 것) …… 3쪽 분량
생강(다진 것) …… 15g
물 …… 적당량
진간장 …… 150㎖
미림 …… 50㎖
굴소스 …… 30g
그래뉴당 …… 100g
오향 가루 …… 적당량

1 돼지 자투리 고기를 한입 크기로 썬다. 프라이팬에 올리브유를 두르고 중불에 올린다. 마늘과 생강을 넣고, 향이 나면 돼지고기를 볶는다.
2 물을 바특하게 붓고, 진간장, 미림, 굴소스, 그래뉴당을 넣어 불을 세게 올린다. 끓으면 중불로 줄이고, 수분이 약 1/3로 줄어들 때까지 졸인다. 오향 가루를 넣어 마무리한다.
3 냉장실에 하룻밤 동안 두어 맛이 스며들게 한다.

***2 카레 풍미의 갓과 콩나물**

콩나물 …… 2팩
소송채 …… 2묶음
갓 절임(시판품) …… 100g
올리브유 …… 적당량
마늘(다진 것) …… 3쪽 분량
소금 …… 적당량
카레 가루 …… 15g

1 콩나물과 소송채를 물에 씻고, 각각 데친다. 소송채를 2㎝ 정도의 길이로 썬다. 갓 절임도 같은 크기로 썬다.
2 프라이팬에 올리브유를 두르고 중불에 올린다. 마늘을 넣어 향을 내다가 갓 절임을 넣고 볶는다. 소금으로 간을 하고, 카레 가루를 넣어 섞는다. 불에서 내려 한 김 식힌다.
3 콩나물, 소송채, 2의 볶은 갓 절임을 섞고, 소금으로 간을 한다. 올리브유를 고루 뿌리고, 냉장실에 하룻밤 동안 두어 맛이 스며들게 한다.

***3 달걀조림**

냄비에 물을 끓이고, 달걀(15개)을 넣어 7분간 삶는다. 건져내서 식히고, 껍질을 벗긴다. 냄비에 물(150g), 진간장(150㎖), 미림(70㎖), 그래뉴당(30g)을 넣고, 강불에 끓여서 양념을 만든다. 불에서 내려 한 김 식으면 삶은 달걀을 담가두었다가 오향 가루(적당량)와 함께 진공 팩에 담는다. 냉장실에 하룻밤 동안 두어 맛이 스며들게 한다.

상추는 먹기 좋은 크기로 찢는다

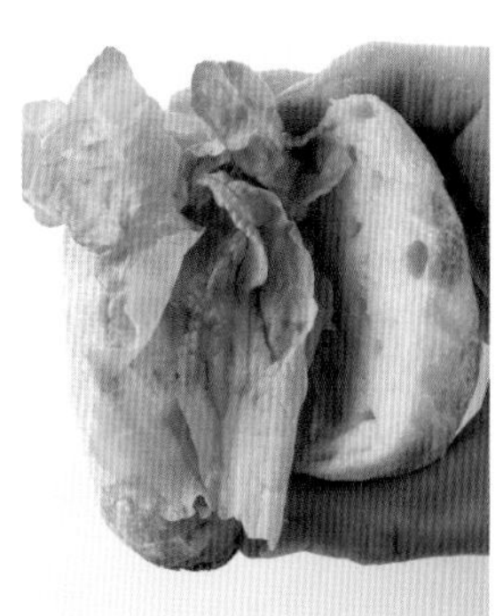

1 빵에 가로로 칼집을 낸다. 적상추를 적당한 크기로 찢어서 넣는다.

안쪽까지 재료를 채워 넣어 볼륨감을 연출한다

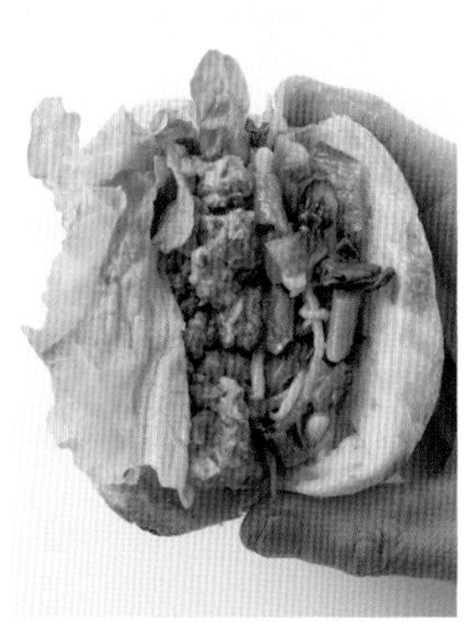

2 적상추 위에 루러우를 올리고, 카레 풍미의 갓과 콩나물을 루러우 위에 올린다. 단면 안쪽까지 재료를 채워 넣는다.

달걀의 단면이 정면에 보이게 담아 시선을 끈다

3 달걀조림을 가로로 반을 자르고, 다시 세로로 반을 자른다. 단면이 정면에 보이도록 2조각을 나란히 넣는다.

샤포 드 파이유

오리와
무화과 레드 와인 소스

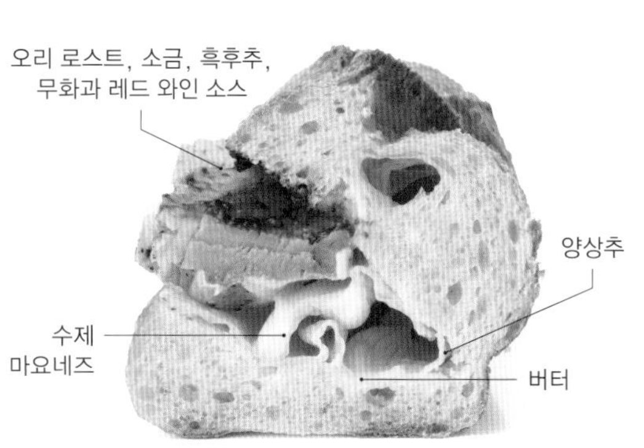

건무화과, 레드 와인, 발사믹 식초, 설탕을 졸여서 페이스트로 만든 새콤달콤하고 진한 소스가 바게트에 넣은 오리고기와 버터의 지방과 조화를 이룬다. 오리고기는 저온 조리해 적당히 탄력 있으면서 씹는 맛이 좋고, 목으로 잘 넘어갈 만큼 부드럽다.

사용하는 빵

바게트

반죽에 참기름을 넣어 고소함을 더하고, 씹는 맛이 좋게 만든 바게트. 저온에서 장시간 발효해 크럼이 쫄깃하다. 210℃에서 21분간 구워 크러스트는 얇고 바삭하다.

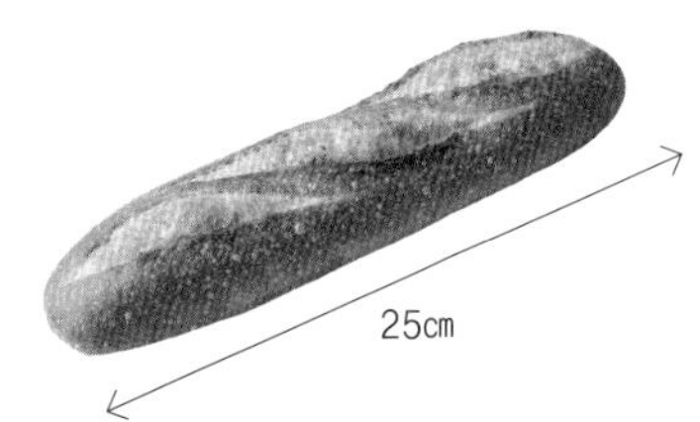

INGREDIENT

바게트 …… 1개
버터 …… 12g
양상추 …… 30g
수제 마요네즈*1 …… 13g
오리 로스트*2 …… 40g
소금 …… 적당량
흑후추 …… 적당량
무화과 레드 와인 소스*3 …… 5g

***1 수제 마요네즈**

A 달걀노른자 …… 6개 분량
레드 와인 비니거 …… 100g
디종 머스터드 …… 100g
소금 …… 24g
해바라기씨유 …… 2ℓ

원통형 용기에 A를 넣고, 해바라기씨유를 조금씩 부으며 핸드 믹서로 갈아서 완전히 유화시킨다.

***2 오리 로스트**

오리 가슴살 …… 300g
소금 …… 적당량
흑후추 …… 적당량
로즈메리 …… 적당량

1 오리 가슴살에 소금과 흑후추를 뿌린다. 로즈메리와 함께 내열 비닐봉지에 넣고, 진공 상태로 만들어 하룻밤 동안 재운다.
2 오리 가슴살을 봉지에서 꺼내고, 프라이팬에 겉면을 노릇하게 굽는다.
3 훈제기에서 1~2시간 동안 훈연한다.
4 다시 내열 비닐봉지에 넣어 진공 상태로 만들고, 65℃ 중탕으로 2시간 동안 저온 조리한다. 적당히 탄력 있고 속은 연한 핑크색을 띠면 완성이다. 한 김 식으면 3㎜ 두께로 썬다.

***3 무화과 레드 와인 소스**

건무화과 …… 120g
레드 와인 …… 360g
발사믹 식초 …… 120g
그래뉴당 …… 60g

재료를 냄비에 넣고 적당히 걸쭉해질 때까지 졸인다. 핸드 믹서로 갈아서 페이스트로 만든다.

마요네즈는 고기와 채소를 연결하는 역할

1 빵의 위아래 두께가 거의 비슷하게 가로로 칼집을 낸다. 단면을 벌려서 포마드 형태로 만든 버터를 바르고, 한입 크기로 찢은 양상추를 올린다. 수제 마요네즈를 가운데에 한 줄, 선을 그리듯이 짠다.

3㎜ 두께의 오리고기로 빵과의 일체감을 추구

2 3㎜ 두께로 썬 오리 로스트 5조각을 양상추 위에 올리고, 소금과 흑후추를 뿌린다.

새콤달콤한 소스가 고기, 버터와 조화를 이룬다

3 건무화과와 레드 와인으로 만든 진한 무화과 레드 와인 소스를 오리고기 위에 짠다. 입안에 새콤달콤한 맛이 퍼지며, 오리고기와 바게트에 바른 버터의 감칠맛과도 어우러진다.

맛있는 요리 빵 베이커리 하나비

데리야키 레드 와인 소스를 곁들인 오리와 후카야 파 카스 크루트* 샌드위치

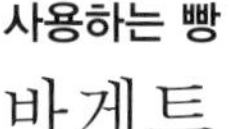

사용하는 빵

바게트

캐나다산 밀가루를 토대로, 기타노카오리 전립분을 20% 배합했다. 어린이와 어르신 손님도 먹기 편하도록 겉은 바삭하게, 속은 폭신하고 부드럽게 구웠다.

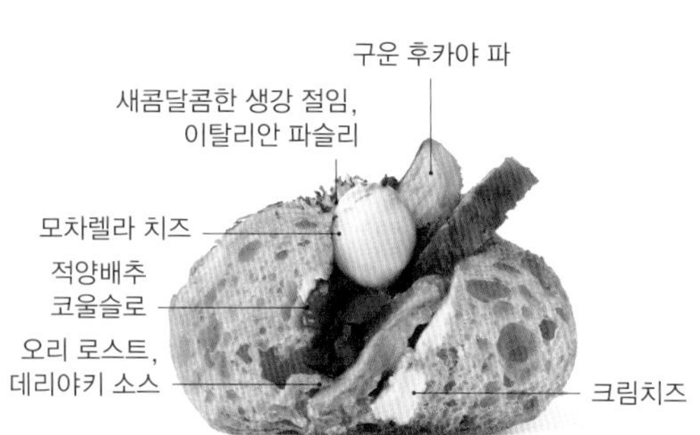

껍질을 바삭하게 구운 오리 소테와 저온에서 구운 후카야산 파가 맛의 핵심. 부드러운 크림치즈와 레드 와인을 넣은 데리야키 소스로 바게트에 어울리는 서양의 맛을 완성했다. 피클 대신 넣은 새콤달콤한 생강 절임과 훈제 오일의 스모키한 향으로 복합적인 맛과 개성을 더했다.

* 빵에 육류와 치즈 등을 채워 간단히 먹는 식사.

INGREDIENT

바게트(13㎝ 폭으로 자른 것) …… 1개
크림치즈 …… 30g
적양배추 코울슬로*1 …… 30g
오리 로스트(5㎜ 두께)*2 …… 3조각(45g)
데리야키 소스*3 …… 적당량
구운 후카야 파*4 …… 45g
모차렐라 치즈 …… 2알
새콤달콤한 생강 절임 (시판품, 다진 것) …… 20g
훈제 올리브유*5 …… 적당량
이탈리안 파슬리(생, 건조) …… 적당량

***1 적양배추 코울슬로**
적양배추(1통)를 잘게 채 썰어 소금(1자밤)과 화이트 와인 비니거(500㎖)를 넣고 1시간 동안 절인다.

***2 오리 로스트**
오리 가슴살을 소테하고 180℃ 오븐에 10분간 굽는다. 알루미늄 포일로 감싸서 20분간 휴지시킨다.

***3 데리야키 소스**
간장, 미림, 청주, 설탕을 같은 비율로 섞고, 불에 올린다(*A*). *A*(100㎖)에 버터(50g), 졸인 레드 와인(100㎖)을 넣는다.

***4 구운 후카야 파**
6㎝ 폭의 원통 모양으로 잘라서 200℃ 오븐에 10분간 굽는다. 3조각을 사용한다.

***5 훈제 올리브유**
벚나무 칩으로 훈연 향을 입힌다.

HOW TO MAKE

1. 단면에 크림치즈를 바르고, 적양배추와 오리고기를 넣는다. 데리야키 소스를 끼얹는다.
2. 후카야 파, 모차렐라 치즈, 새콤달콤한 생강 절임을 올리고, 훈제 올리브유를 끼얹는다. 이탈리안 파슬리를 곁들인다.

33(산주산)

오리 &
발사믹 식초 딸기 소스

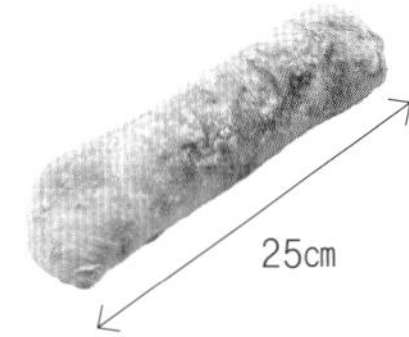

사용하는 빵

피셀

겉은 바삭하고 속은 촉촉해서 씹는 맛이 좋은 샌드위치 전용 빵이다. 홋카이도산 준강력분을 사용한 바게트 반죽을 13~18℃에서 하룻밤 발효한 후, 200g으로 분할한다. 충분히 발효해 폭신하고 가벼운 식감이 나게 굽는다. 반으로 잘라 사용한다.

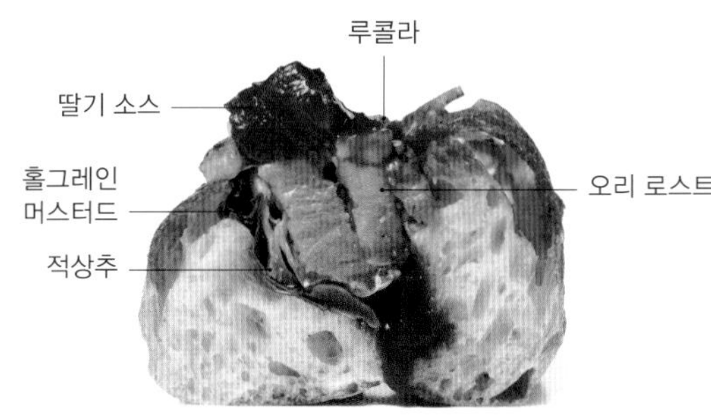

저온 조리한 후 토치로 껍질을 노릇하게 그을린 오리 가슴살과 새콤달콤한 딸기 소스의 조합. 딸기는 그래뉴당에 버무려 발효시키고, 레드 와인, 발사믹 식초, 딸기잼과 함께 가열하면 걸쭉하고 진하며 풍성한 맛이 난다. 홀그레인 머스터드의 산미와 매콤함이 맛을 한층 살려준다.

INGREDIENT

피셀 …… 1/2개
홀그레인 머스터드 …… 적당량
적상추 …… 1장
오리 로스트*1 …… 3조각
딸기 소스*2 …… 30g
루콜라 …… 1줄기

***1 오리 로스트**

진공 팩에 국내산 오리 가슴살(2㎏, 약 9개)을 넣고 56℃ 저온 조리기에서 1시간 동안 가열한다. 간장, 소금, 흑후추로 간을 한다. 토치로 껍질을 노릇하게 그을리고, 8㎜ 두께로 썬다.

***2 딸기 소스**

비트 …… 80g
레드 와인 …… 150g
발사믹 식초 …… 50g
발효 딸기*3 …… 300g
딸기잼 …… 80~100g

1 비트는 껍질을 벗기고, 얇고 네모나게 썬다.
2 냄비에 레드 와인과 발사믹 식초를 넣고 끓인다. 1과 발효 딸기를 넣고, 비트가 부드러워질 때까지 조린다.
3 딸기잼을 넣고, 걸쭉해지면 불을 끈다.

***3 발효 딸기**

딸기(300g)의 꼭지를 제거하고 그래뉴당과 섞어 진공 팩에 담는다. 실온에 5~6일 동안 두어 발효시킨다.

HOW TO MAKE

1 빵에 칼집을 내고, 홀그레인 머스터드를 바른다.

2 적상추를 깔고, 오리 로스트를 늘어놓는다.

3 딸기 소스의 딸기 1알과 소스를 끼얹고, 루콜라를 올린다.

베이커리 틱택

순간 훈제한 오리와 감귤 샌드위치

사용하는 빵

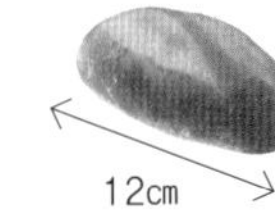

고가수 소프트 바게트

'하드 계열의 근본이 될 만한 빵'을 목표로 개발했다. 밀가루의 구수함이 느껴지는 반죽을 위해 홋카이도산 밀가루를 혼합한 가루를 40% 배합하고, 가수율 90%로 씹는 맛이 좋게 만들었다. 건포도 효모종을 넣고 이틀간 저온 발효해 밀가루의 향이 진하다.

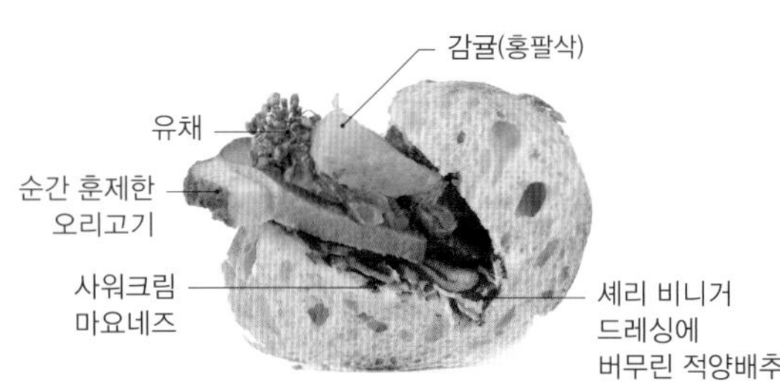

감귤 농가와 진행한 이벤트에서 탄생한 샌드위치. 프랑스 요리의 대표적인 조합인 감귤과 오리고기를 씹는 맛이 좋은 소프트 바게트에 담았다. 사진의 샌드위치는 유채를 사용했는데, 그 외에 파스닙이나 타르티보* 같은 씁쓸한 채소를 사용해 특색 있는 맛을 낸다.

* 라디치오와 같은 종류의 채소. 잎이 길고 끝이 약간 둥글게 말려 있다.

INGREDIENT

고가수 소프트 바게트 …… 1개
사워크림 마요네즈*1 …… 10g
셰리 비니거 드레싱에 버무린 적양배추(31쪽 참조) …… 15g
순간 훈제한 오리고기*2 …… 40g
소금, 흑후추, 올리브유 …… 적당량
유채 …… 5g
홍팔삭(속껍질을 벗긴 것) …… 30g
소금(플뢰르 드 셀), 흑후추 …… 조금씩

***1 사워크림 마요네즈**

사워크림과 마요네즈를 8:2 비율로 섞는다.

***2 순간 훈제한 오리고기**

타임(6줄기), 소금(플뢰르 드 셀, 30g), 설탕(15g), 통 흑후추(적당량), 물(400g)로 마리네액을 만든다(A). 오리 가슴살(2개)을 A에 담가서 하룻밤 이상 절인다. 물기를 닦아내고 배트에 늘어놓아 냉장실에서 말린다. 껍질에 칼집을 넣고 프라이팬에 굽는다. 버터(20g)를 넣고 고기에 끼얹으면서 익힌다. 알루미늄 포일로 감싸서 30분 이상 휴지시킨다. 프라이팬에 훈연 칩을 깔고, 석쇠를 놓고 오리고기를 올려서 불을 덮어 2분간 훈연한다.

HOW TO MAKE

1 빵에 가로로 칼집을 내고, 아랫면에 사워크림 마요네즈를 바른다. 적양배추, 얇게 썬 오리고기를 올린다.

2 소금, 흑후추, 올리브유를 끼얹고, 195℃ 오븐에 구운 유채와 홍팔삭을 올린다. 소금, 흑후추를 뿌린다.

블랑 아 라 메종

어린 양 케밥, 이탈리안 파슬리, 사무라이 소스

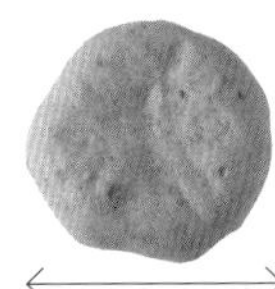

사용하는 빵

전립분 피타 빵

사이타마산 강력분 하나만텐을 주재료로, 홋카이도산 스펠트 밀가루와 맷돌로 간 사이타마산 전립분을 넣어 밀의 향이 풍부한 반죽에 마스카르포네 치즈를 넣어 유제품의 맛과 바삭함을 더했다. 스트레이트법으로 반죽해 연한 색으로 구워도 씹는 맛이 좋고 식감이 폭신하다.

점심으로 먹으면 든든한 샌드위치로, 셰프가 좋아하는 양고기를 주재료로 고안했다. 양고기는 충분히 구워 고소한 맛을 내는 것이 포인트. 스위트 칠리와 케첩을 섞은 '사무라이 소스'는 단맛과 신맛, 매운맛을 모두 지니고 있어 어린 양고기와 궁합이 매우 좋다.

INGREDIENT

전립분 피타 빵 …… 1/2개
어린 양 케밥*1 …… 100g
사무라이 소스*2 …… 25g
이탈리안 파슬리 …… 적당량
아마란스 …… 적당량

***1 어린 양 케밥**
프라이팬에 샐러드유를 둘러 달구고, 얇게 썬 어린 양 등심을 노릇노릇하게 굽는다. 소금, 흑후추로 간을 한다.

***2 사무라이 소스**
스위트 칠리 소스, 케첩, 마요네즈를 같은 비율로 섞고, 흑후추를 적당량 넣는다.

HOW TO MAKE

1 빵을 반으로 자르고, 단면에 가로로 칼집을 낸다. 어린 양 케밥을 넣는다.

2 사무라이 소스를 고기 위에 끼얹는다.

3 이탈리안 파슬리, 아마란스로 장식한다.

내장, 가공육 샌드위치

BRAND-NEW SANDWICH

다카노 팽

반미

사용하는 빵

미니 바게트

프랑스산 밀가루 등 3가지 밀가루와 볶은 옥수숫가루를 배합한다. 약 40시간 동안 저온으로 장시간 발효한 바게트 반죽을 80g으로 분할해 구운 반미 전용 빵. 식감이 가벼워 베어 먹기 편하다.

돼지고기와 돼지 간에 양파, 피스타치오를 넣은 독일식 간 페이스트가 주재료. 간 페이스트의 부드러운 맛과 크리미한 식감을 살리기 위해 본래 반미에 넣는 채소 절임을 빼고, 고수의 청량감과 아삭한 식감을 더했다. 머스터드의 산미와 매콤함으로 맛을 한층 살린다.

INGREDIENT

미니 바게트 …… 1개
머스터드 …… 2g
간 페이스트*1 …… 37g
고수 …… 6g

***1 간 페이스트**
돼지고기, 돼지 간, 양파, 피스타치오를 넣어 굵게 간 시판품.

HOW TO MAKE

1 빵에 가로로 칼집을 내고, 윗면에 머스터드를 바른다.

2 간 페이스트를 넣고, 고수를 올린다.

치쿠테 베이커리

간 파테 샌드위치

말린 푸룬과 허브, 발사믹 식초로 잡냄새를 없애서, 간을 좋아하지 않는 사람도 먹기 좋게 만든 수제 간 파테가 주인공. 아몬드를 넣은 빵에는 발효 버터를 얇게 발라 밀키한 감칠맛을 더했다. 듬뿍 담은 간 파테에 흑후추를 뿌려 알싸한 자극을 주었다.

사용하는 빵

포레 아망드

홋카이도산 강력분을 주재료로 홋카이도산 전립분과 맷돌로 간 밀가루 등 합계 4가지 일본산 밀가루를 혼합했다. 밀가루의 감칠맛이 진한 반죽에 생아몬드를 반죽 대비 23% 배합했다. 견과류의 감칠맛과 오독오독한 식감이 포인트.

INGREDIENT

포레 아망드
(1.5~1.7㎝ 두께로 썬 것)
…… 2장
발효 버터 …… 6g
간 파테*1 …… 25g
흑후추 …… 적당량
루콜라 …… 약 5g

*1 간 파테

닭 간 …… 3㎏
엑스트라 버진 올리브유 …… 180g
마늘(껍질과 심을 제거하고 다진 것) …… 120g
유기농 말린 푸룬(다진 것) …… 285g
소금(게랑드산) …… 12g

흑후추 …… 적당량
케이엔 페퍼 …… 1작은술
칠리 파우더 …… 2작은술
발사믹 식초 …… 240g
생크림(유지방분 35%) …… 600㎖
에르브 드 프로방스 …… 3큰술

1 닭 간은 찬물에 1시간 정도 담가 핏물을 뺀다.
2 1의 혈관과 핏덩어리를 꼼꼼히 제거하고, 잘게 썬다.
3 큼직한 냄비에 올리브유, 마늘, 닭 간, 말린 푸룬을 넣고 중불에서 볶는다.
4 닭 간의 색이 변하면 소금, 흑후추, 케이엔 페퍼, 칠리 파우더를 넣고, 닭 간의 수분이 사라질 때까지 볶는다.
5 발사믹 식초를 넣고, 냄비 바닥에 수분이 남지 않을 때까지 볶는다.
6 생크림을 넣고 불을 약하게 줄인다. 가끔 저으며 조린다.
7 나무 주걱으로 긁으면 냄비 바닥이 보였다가 긁은 자국이 천천히 사라질 정도로 졸아들면 불을 끈다. 에르브 드 프로방스를 넣고 섞는다.

발효 버터로 밀키한 감칠맛을 더한다

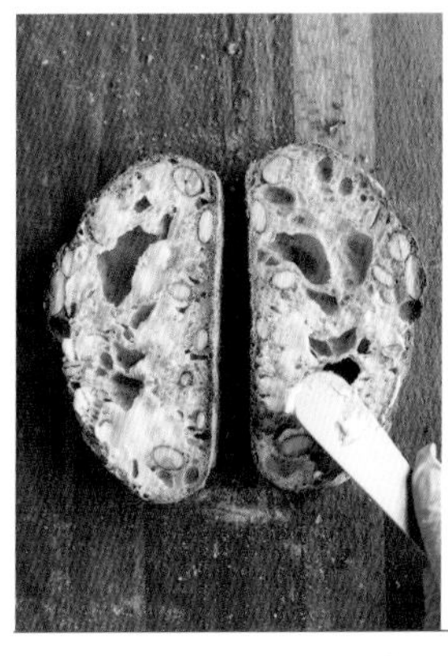

1 빵은 1.5~1.7㎝ 두께로 썰어서 2장을 사용한다. 단면의 넓은 부분이 위로 가게 놓고, 각각 포마드 형태의 버터를 구석구석 바른다.

간 파테는 푸룬이 들어간 것이 오리지널

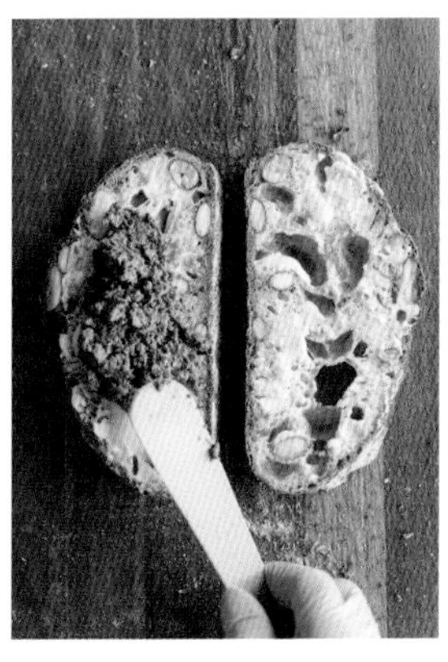

2 마늘, 케이엔 페퍼, 칠리 파우더 등으로 맛을 낸 푸룬 간 파테를 한쪽 빵(아래가 되는 부분)에 바른다.

흑후추는 많다 싶게 갈아서 뿌린다

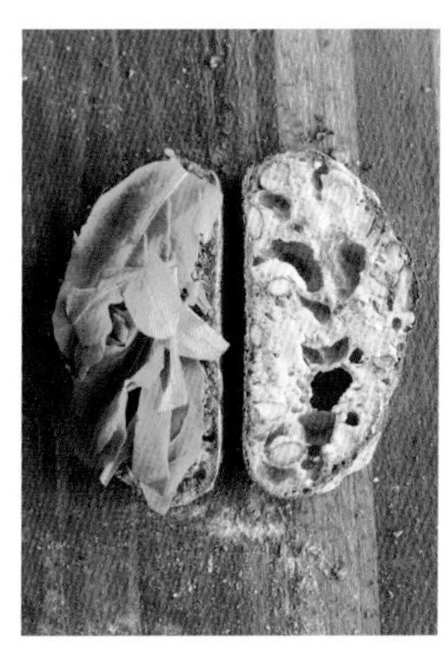

3 파테 위에 흑후추를 넉넉히 갈아서 뿌린다. 루콜라를 올리고, 남은 빵 한쪽을 버터를 바른 면이 아래로 가게 덮는다.

크래프트 샌드위치

석류 소스 닭 간 & 잣

중동의 레바논에서 인기 있는 닭 간을 넣은 샌드위치. 닭 간을 석류 시럽으로 맛을 내 새콤하면서 데리야키 같은 느낌이다. 토마토, 오이, 래디시 등 중동이 연상되는 채소와 민트를 조합해 건강함과 산뜻한 풍미를 더했다. 잣이 식감의 포인트가 된다.

사용하는 빵

미니 바게트

일반 바게트의 1/3 정도인 작은 바게트. 재료의 맛이 돋보이도록 심심한 바게트를 선택했다. 먹기 편하게 크러스트는 얇고 속은 쫄깃하게 만들었지만, 토스트하면 바삭해진다.

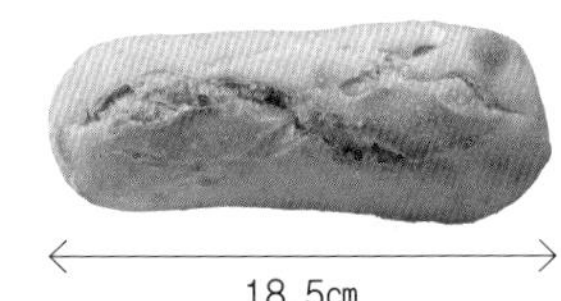

18.5㎝

INGREDIENT

미니 바게트 …… 1개
석류 소스 닭 간*1 …… 70g
방울토마토 …… 12g(3개)
오이 …… 10g
적양파 …… 5g
래디시 …… 10g
민트(생) …… 5장
라디치오 …… 5g
잣 …… 1g
엑스트라 버진 올리브유 …… 10g
소금(게랑드산) …… 약간

***1 석류 소스 닭 간**

닭 간 …… 200g
버터 …… 20g
마늘 …… 1쪽
소금(게랑드산) …… 약간
석류 시럽 …… 30g

1 닭 간은 물에 깨끗이 씻는다.
2 끓는 물에 닭 간을 12분 정도 삶고, 체에 밭쳐 물기를 뺀다.
3 프라이팬에 버터를 녹이고, 마늘을 볶는다. 닭 간, 소금, 석류 시럽을 넣고 윤기를 내며 볶는다. 볶을 때 나온 양념은 따로 보관한다.
4 냉장실에서 식힌다.

석류 시럽을 묻힌 간을 늘어놓는다

1 빵이 위아래가 거의 같은 두께가 되도록 가로로 칼집을 낸다. 자른 곳을 벌린 다음, 아랫면에 석류 소스 닭 간을 늘어놓는다.

윗면에 간 양념을 바른다

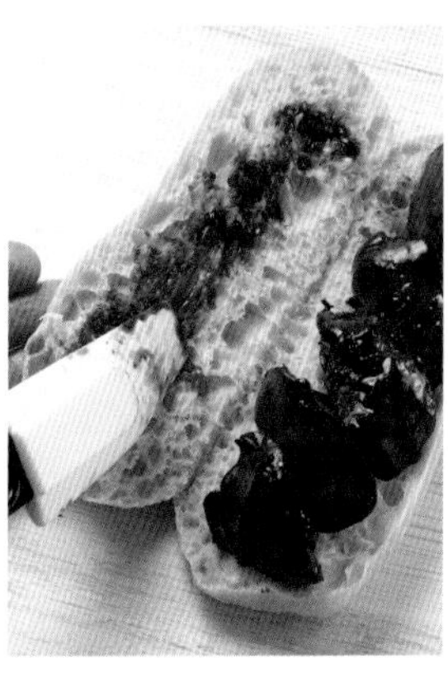

2 윗면에 따로 보관해둔 닭 간 양념을 주걱으로 발라서 간의 감칠맛을 증폭시킨다.

채소는 다채롭게 담는다

3 한입 크기로 자른 방울토마토, 얇게 썬 오이, 적양파, 래디시, 민트, 한입 크기로 찢은 라디치오를 다채롭게 늘어놓고, 잣을 흩뿌린다.

마무리로 올리브유와 소금을 뿌린다

4 채소 위에 올리브유와 소금을 뿌린다. 올리브유의 신선하고 상큼한 맛과 게랑드산 소금이 채소의 감칠맛을 끌어올린다.

생 드 구르망

돼지 리예트

프랑스 요리 전문점에서 배운 레시피로 만든 정통 리예트를 듬뿍 넣은 샌드위치. 퍼석하지 않고 매끈하게 입안에서 녹는 리예트와 바삭하고 고소한 바게트의 궁합이 아주 좋다. 파테 드 캉파뉴*를 만들 때 나오는 돼지고기의 육즙을 소스 대신 넣어서 곳곳에서 느껴지는 감칠맛이 원포인트.

* 간 돼지고기에 닭 간(또는 돼지 간) 및 각종 허브를 틀에 넣고 구운 시골풍 파테.

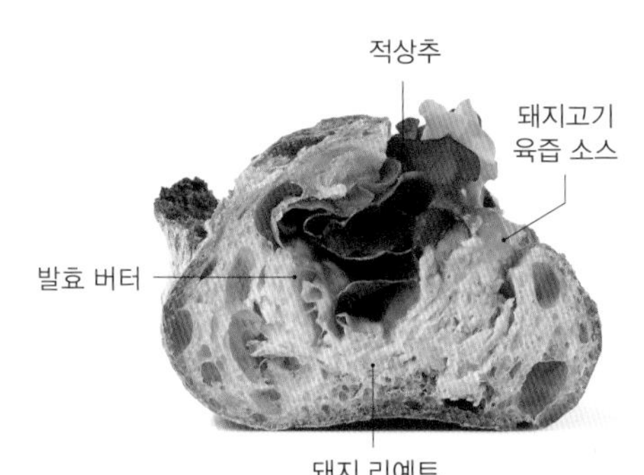

사용하는 빵

바게트

인근의 베이커리 '페니 레인 소라마치점'에서 구입한 '유기농 바게트'를 사용한다. 프랑스산 유기농 밀가루를 20% 배합해 맛이 깊고, 크럼이 촘촘해 샌드위치에 쓰기 편해서 채택했다.

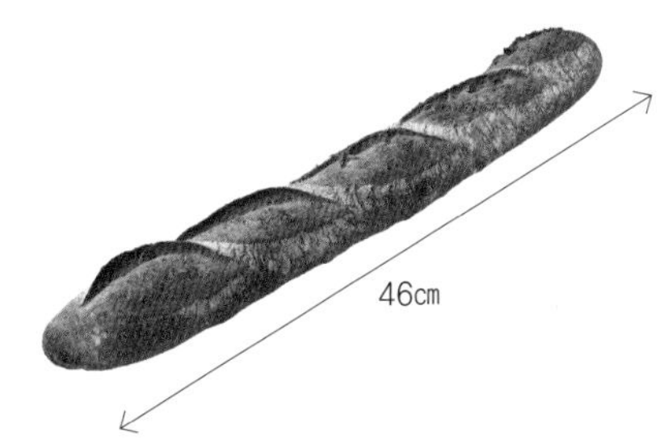

INGREDIENT

바게트(16㎝ 폭으로 자른 것) …… 1개
발효 버터 …… 10g
돼지 리예트*1 …… 80g
돼지고기 육즙 소스*2 …… 1큰술
적상추 …… 1장

***1 돼지 리예트**

돼지 목살 …… 2㎏
돼지 삼겹살 …… 2㎏
소금 …… 돼지고기 중량의 1%
화이트 와인 …… 800㎖
마늘 …… 1통
셀러리 …… 1대
당근 …… 2개
양파 …… 2개
물 …… 적당량

1 돼지 목살과 돼지 삼겹살에 각각 소금을 묻혀서 바른다. 프라이팬에 샐러드유를 두르고, 돼지고기 겉면을 고소하게 굽는다. 이때 배어 나온 기름은 따로 보관한다.
2 냄비에 1의 돼지고기와 화이트 와인을 넣고 끓여서 알코올을 날린다.
3 마늘, 셀러리, 당근, 양파(각각 반으로 자른다)를 넣고, 1에서 보관해둔 기름과 바특한 양의 물을 넣어 약불로 3시간 정도 조린다.
4 고기가 익으면 꺼내서 손으로 찢는다. 남은 국물은 체에 걸러서 약 1/5로 줄어들 때까지 졸인다.
5 얼음 위에 볼을 올리고 4의 고기를 담는다. 졸인 국물을 조금씩 부으며 섞는다.

***2 돼지고기 육즙 소스**

파테 드 캉파뉴를 만들 때 나온 돼지고기 육즙을 따로 보관한 것.

발효 버터로 본고장의 맛을 표현한다

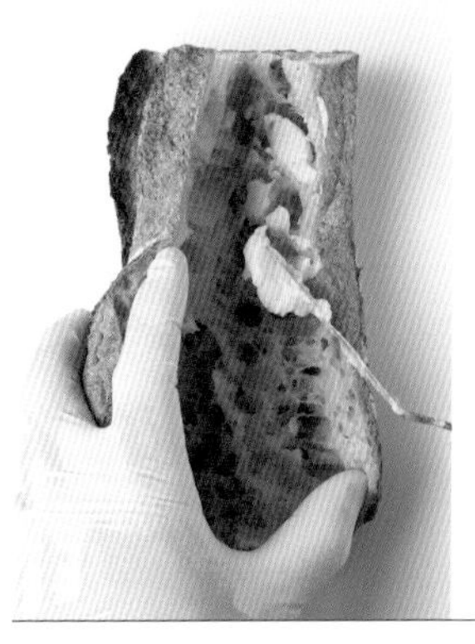

1 빵에 가로로 칼집을 낸 다음, 모든 단면에 발효 버터를 바른다.

리예트는 듬뿍 넣는다

2 돼지 리예트를 끝에서 끝까지 빈틈없이 듬뿍 넣는다.

돼지고기 육즙 소스로 감칠맛을 낸다

3 돼지 리예트 위에 돼지고기 육즙 소스를 올린다. 소스 대신 군데군데 올려서 맛에 변주를 준다.

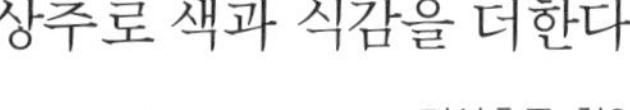

상추로 색과 식감을 더한다

4 적상추를 한입 크기로 찢어서 올려 심플한 샌드위치에 색과 식감을 더한다.

모어댄 베이커리

리예트와 구운 채소

돼지 삼겹살을 뭉근히 조린 수제 리예트는 마지막에 토치로 그을려 고소함을 더한다. 머스터드의 매콤함과 산미, 구운 채소의 아삭함을 조합하면 씹을수록 감칠맛이 퍼지는 리예트의 고기다운 맛이 한층 살아난다. 채소는 제철에 나는 것을 사용한다.

* 서양 유채의 일종으로 쓴맛과 특유의 향이 적다.
** 케일과 방울양배추를 교배해 품종 개량한 채소.

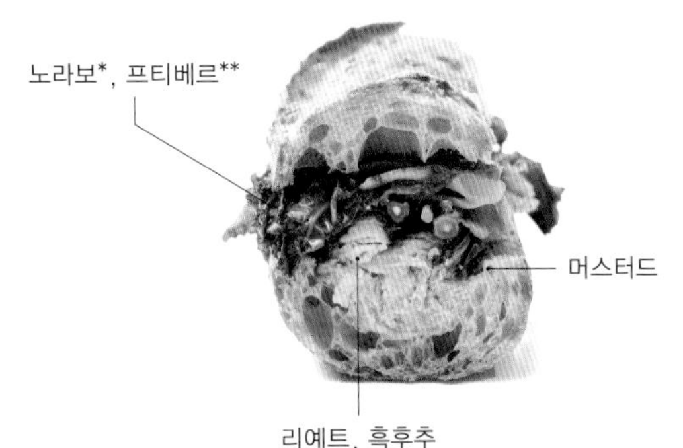

사용하는 빵

바게트

5가지 밀가루를 혼합하고, 전립분을 7.5% 배합했다. 겉은 바삭하고 고소하게, 속은 폭신하고 가벼운 식감으로 구워 밀가루의 단맛과 향이 퍼지는 바게트. 무난한 맛으로 어떤 재료와도 잘 어울린다. 1개를 반으로 잘라서 사용한다.

INGREDIENT

바게트 …… 1/2개
머스터드 …… 적당량
리예트*1 …… 30g
흑후추 …… 적당량
노라보*2 …… 2줄기
프티베르*2 …… 1.5줄기

***1 리예트**

돼지 삼겹살(블록) …… 2㎏
양파 …… 1개
마늘 …… 5개
화이트 와인 …… 500㎖
월계수 잎 …… 1장
타임 …… 2줄기
소금 …… 적당량
흑후추 …… 적당량

1 냄비에 올리브유를 둘러 달구고, 돼지 삼겹살(블록)의 모든 면을 굽는다. 돼지 삼겹살을 꺼내고, 여분의 기름을 버린다.
2 얇게 썬 양파와 마늘을 넣고, 냄비 바닥에 눌어붙은 고기를 긁어내며 중불로 볶는다. 양파와 마늘의 숨이 죽으면 돼지 삼겹살을 다시 넣는다.
3 화이트 와인, 월계수 잎, 타임을 넣고, 뚜껑을 덮어 약불로 2시간 동안 조린다. 불을 끄고, 뚜껑을 덮은 채 30분 정도 남은 열로 더 익힌다.
4 고기와 조림 국물을 분리하고, 고기의 절반을 손으로 찢는다. 남은 절반은 믹서에 갈아서 페이스트로 만든다. 찢은 고기와 페이스트를 합친다.
5 조림 국물이 식으면 위에 굳은 지방을 걷어내고, 국물만 4에 넣고 섞는다. 소금, 흑후추로 간을 한다.
6 보관 용기에 5를 채워 넣는다. 걷어낸 지방을 그 위에 부어서 덮어주고, 랩을 밀착시켜 씌운다. 냉장실에서 2주 이상 보관 가능하다.

***2 노라보, 프티베르**

소금을 살짝 뿌리고, 올리브유를 두른 300℃ 인덕션에 1분 정도 굽는다.

머스터드를 충분히 발라서 느끼함을 잡는다

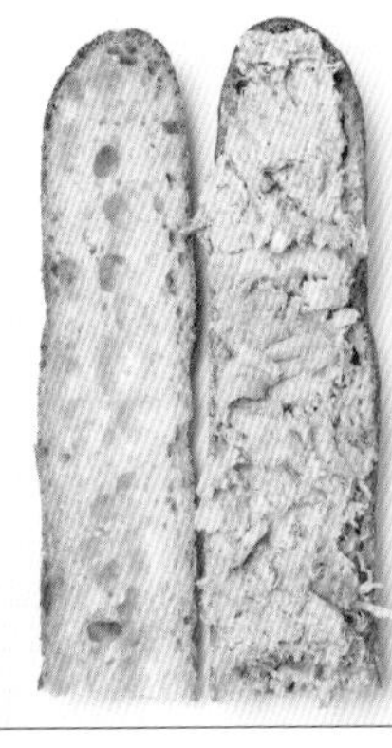

1 빵의 위에서 아래로 비스듬히 칼집을 낸다. 아래가 되는 면에 머스터드를 구석구석 바르고, 리예트를 균일하게 올린다. 고기의 식감이 느껴지는 굵직한 리예트를 끝까지 질리지 않고 먹기 위해 머스터드의 매콤함과 산미로 느끼함을 잡는다.

리예트를 토치로 그을려 불향을 입힌다

2 리예트 윗면을 토치로 그을려 노릇한 색을 내고, 흑후추를 듬뿍 뿌린다. 고기를 태워서 고소한 향을 입히면 시간이 지나도 씹었을 때 구운 고기의 향이 입안에 퍼져 인상적인 샌드위치가 된다.

채소는 잎의 끝이 보이도록 길게 자른다

3 바게트의 길이보다 조금 길게 자른 노라보를 올린다. 단면에서 잎끝이 살짝 보이도록 프티베르를 균형 있게 올린다. 채소는 계약 농원에서 받는 제철 유기농 채소를 계절에 맞게 사용한다.

블랑 아 라 메종

푸아그라 테린과 아메리칸 체리

튀긴 양파의 고소한 맛과 맥주의 씁쓸한 맛이 특징인 빵 속에 수제 푸아그라 테린을 넣었다. 아메리칸 체리와 딜을 넣은 비네그레트 소스의 새콤달콤한 맛으로 변주를 준다. 와인에도 어울리는, 한 접시의 프랑스 요리 같은 샌드위치.

고치산 굵은소금, 흑후추

아메리칸 체리
딜 비네그레트

푸아그라 테린

사용하는 빵

맥주와 튀긴 양파 빵

맥주로 반죽해서 씁쓸한 맛이 특징이다. 올리브유를 넣어 씹는 맛도 좋다. 고소한 풍미로 빵의 맛을 살려주는 튀긴 양파를 밀가루 대비 40% 넣어 반죽한다.

INGREDIENT

맥주와 튀긴 양파 빵 …… 1개
푸아그라 테린*1 …… 36g
아메리칸 체리 딜 비네그레트*2 …… 53g
고치산 굵은소금 …… 적당량
흑후추 …… 적당량

***1 푸아그라 테린**

푸아그라 …… 800g
A 그래뉴당 …… 적당량
　소금 …… 적당량
　흑후추 …… 적당량
코냑 …… 푸아그라 중량의 2%

1 푸아그라의 혈관과 힘줄을 제거하고, A를 넣어 주무른다.
2 1을 코냑에 담가서 진공 팩에 넣은 다음, 냉장실에서 하룻밤 재운다.
3 2를 진공 팩 그대로 60℃로 10분간 중탕한다. 푸아그라의 중심 온도가 57℃까지 올라가면 테린 틀에 부어 넣는다.
4 한 김 식으면 랩으로 덮고, 냉장실에서 3일간 차갑게 굳힌다.

***2 아메리칸 체리 딜 비네그레트**

아메리칸 체리 …… 적당량
엑스트라 버진 올리브유 A …… 적당량
수제 꿀 비네그레트*3 …… 적당량
엑스트라 버진 올리브유 B …… 적당량
딜 …… 적당량

1 아메리칸 체리를 굵게 다지고, 올리브유 A에 버무린다.
2 1을 오븐에 튀기듯이 구워 단맛을 응축시킨다.
3 2와 수제 꿀 비네그레트, 올리브유 B, 딜을 섞는다.

***3 수제 꿀 비네그레트**

화이트 와인 비니거 …… 100g
홀그레인 머스터드 …… 적당량
꿀 …… 적당량
엑스트라 버진 올리브유 …… 100g
소금 …… 적당량
모든 재료를 섞는다.

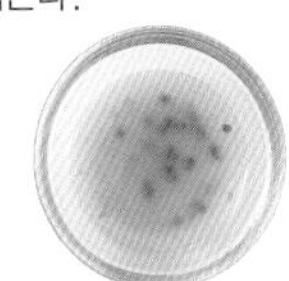

칼집을 비스듬히 내면 입체적으로 보인다

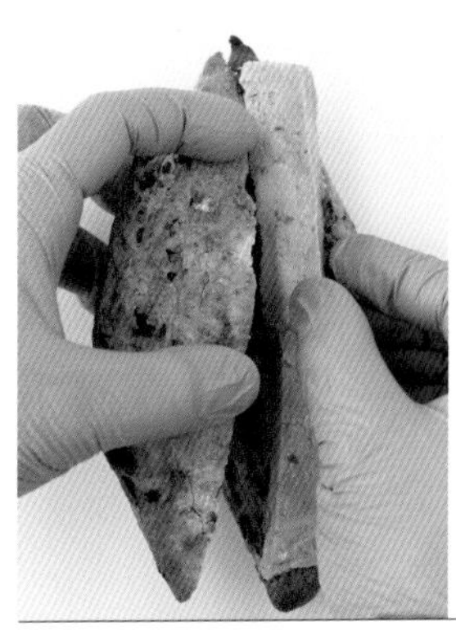

1 빵의 긴 변에 칼끝을 대서 아래로 비스듬히 칼집을 내고, 푸아그라 테린을 넣는다. 비스듬히 칼집을 내면 재료가 입체적으로 보여 먹음직스럽다.

새콤달콤한 체리로 맛의 변주를 준다

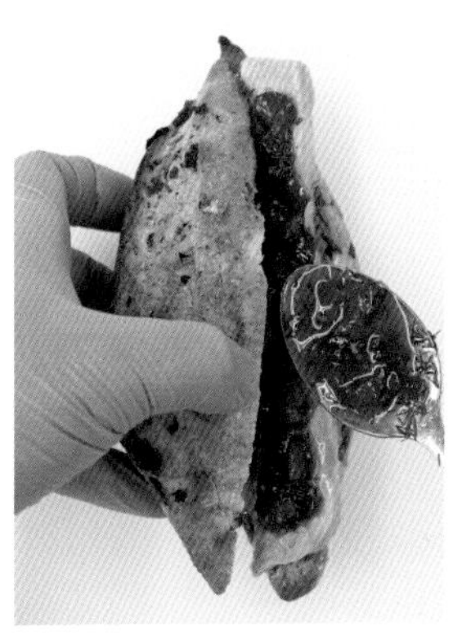

2 푸아그라 테린 위에 아메리칸 체리 딜 비네그레트를 듬뿍 바른다. 감칠맛, 단맛, 신맛이 어우러져 깊은 맛이 난다. 단맛이 너무 강한 설탕은 넣지 않고, 꿀로 산미를 중화하면서 풍미 있는 단맛을 낸다.

소금, 흑후추로 맛을 더욱 살린다

3 고치산 굵은소금과 흑후추를 고루 뿌려 전체적으로 간을 한다.

블랑 아 라 메종

부댕 누아르와 복숭아

부댕 누아르와 제철 과일을 조합한 고급스러운 샌드위치. 부댕 누아르의 살살 녹는 식감에 걸맞게, 빵은 부드럽고 베어 먹기 좋은 브리오슈를 선택했다. 새콤달콤하고 신선한 백도가 부댕 누아르의 지방과 짠맛을 중화시키고 감칠맛을 끌어올린다.

사용하는 빵

브리오슈

버터를 밀가루 대비 45% 넣어 버터의 맛이 진하게 느껴지는 브리오슈. 버터와 밀가루를 손으로 비비는 사블라주법으로 반죽을 뭉치고, 수분을 더한 후에는 너무 많이 치대지 않아서 베어 먹기 좋게 만든다.

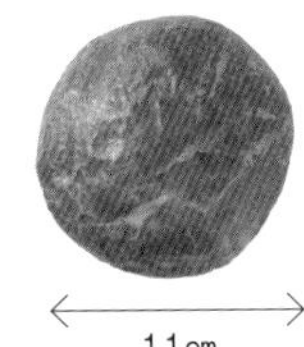

11㎝

INGREDIENT

브리오슈 …… 1개
수제 부댕 누아르*1 …… 76g
백도 …… 33g
딜 …… 적당량

***1 수제 부댕 누아르**

A 돼지 지방(굵게 다진 것)
…… 900g
양파(굵게 다진 것) …… 150g
돼지 선지 …… 500g
생크림(유지방분 35%) …… 100g

1 A를 프라이팬에 넣고, 양파의 숨이 죽을 때까지 볶는다.
2 1, 돼지 선지, 생크림을 넣어 섞고, 테린 틀에 부어 넣는다.
3 속이 뜨거워질 때까지 오븐에 가열한다.

부댕 누아르의 겉면을 바삭하게 굽는다

1 수제 부댕 누아르는 창자에 채워 넣지 않아서 잡냄새가 없고 식감이 폭신하다. 쓸 만큼 잘라서 오븐에 구워 겉면을 바삭하게 만든다.

재료에 맞게 부드러운 빵을 선택한다

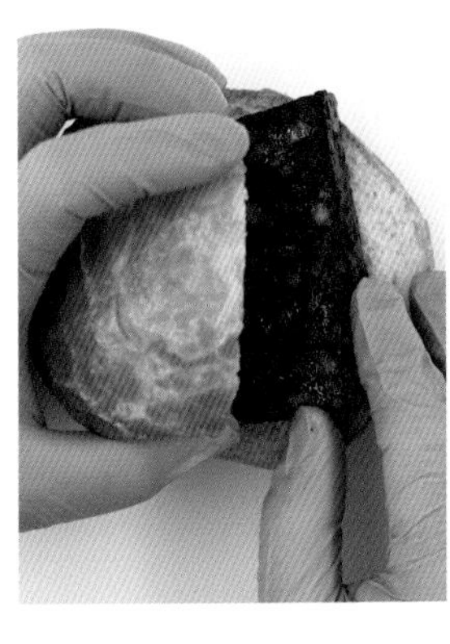

2 빵에 가로로 칼집을 내고, 부댕 누아르를 넣는다. 부댕 누아르의 지방의 단맛과 감칠맛은 브리오슈의 단맛과 잘 어울린다. 브리오슈의 부드러운 식감도 부댕 누아르의 폭신폭신한 식감과 조화를 이룬다.

백도가 재료의 감칠맛을 돋보이게 한다

3 백도를 1㎝ 두께의 웨지 모양으로 썰어서 부댕 누아르 위에 4조각 늘어놓고, 그 위에 딜을 올린다. 새콤달콤한 백도가 돼지고기의 지방과 짠맛을 중화시킨다. 부드럽고 수분이 많은 백도는 입안에서 부댕 누아르와 함께 살살 녹는다.

샤포 드 파이유

브리 치즈와 수제 햄

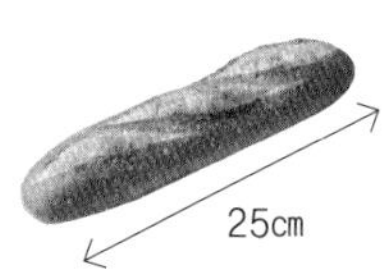

사용하는 빵

바게트

반죽에 참기름을 넣어 고소함을 더하고, 씹는 맛이 좋게 만든 바게트. 저온에서 장시간 발효해 쫄깃하고, 크러스트는 얇고 바삭하다. 아래의 사진은 반으로 자른 것(12.5㎝).

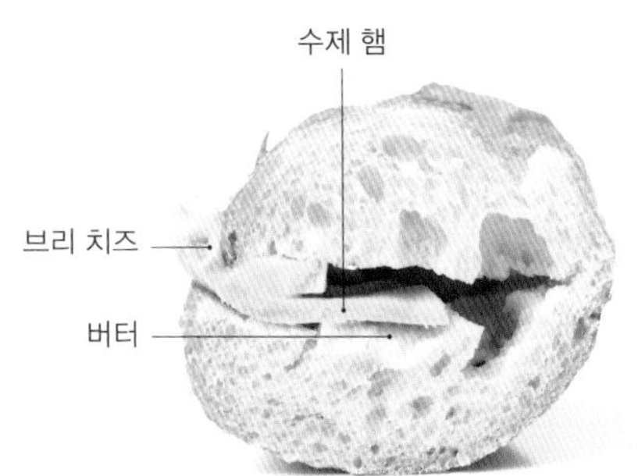

바게트에 버터를 듬뿍 바르고 햄과 치즈를 넣은 '잠봉 프로마주'는 셰프가 '진정한 프랑스의 맛'이라 생각하는 정통 샌드위치. 수제 햄은 암염과 물, 설탕만 넣은 염지액에 담그며, 고기를 삶는 부이용에도 향신 채소를 넣지 않고, 고기의 감칠맛을 심플하게 살린다.

INGREDIENT 2개 분량

바게트 …… 1개
버터 …… 13g
수제 햄*1 …… 40g
브리 치즈 …… 40g

***1 수제 햄**

1 돼지 목살(12㎏)의 지방을 손질하고, 염지액(물 7ℓ, 암염 588g, 설탕 116g)에 3~4주 동안 절인다.
2 냄비에 부이용(물 10ℓ, 암염 180g, 통 흑후추 1자밤, 월계수 잎 10장)과 1의 돼지고기를 넣고, 고기의 중심 온도가 64℃가 될 때까지 약불로 끓인다. 그대로 한 김 식힌다.

HOW TO MAKE

1 빵에 가로로 칼집을 내고, 모든 단면에 버터를 바른다.
2 2㎜ 두께로 썬 수제 햄을 올린다.
3 햄과 같은 두께로 썬 브리 치즈를 올린다. 반으로 자른다.

샤포 드 파이유

수제 햄과 콩테 치즈

사용하는 빵

크루아상

샌드위치에 사용하기 위해 부드럽게 씹히도록 만든 크루아상. 향이 풍부한 발효 버터를 사용하고, 밀가루는 풍미가 좋고 오븐에서 잘 부풀어 오르는 홋카이도산 밀가루와 깊은 맛의 프랑스산 밀가루를 같은 비율로 배합했다.

'햄과 치즈'는 프랑스의 기본 샌드위치. 하지만 바게트보다 식감이 가벼운 크루아상에 햄과 치즈만 넣기에는 다소 부족해서 양상추로 아삭한 식감을, 마요네즈로 산미와 감칠맛을 더했다. 마무리로는 흑후추로 알싸한 자극을 주어 맛을 더욱 살렸다.

INGREDIENT

크루아상 …… 1개
양상추 …… 15g
수제 마요네즈(59쪽 참조) …… 7~8g
수제 햄(78쪽 참조) …… 20g
콩테 치즈 …… 5g
흑후추 …… 적당량

HOW TO MAKE

1 빵에 가로로 칼집을 낸 다음, 한입 크기로 찢은 양상추를 올린다.

2 수제 마요네즈를 짠 다음, 2㎜ 두께로 썬 수제 햄을 올린다.

3 3㎜ 두께로 썬 콩테 치즈를 올리고, 흑후추를 뿌린다.

생 드 구르망

카스 크루트

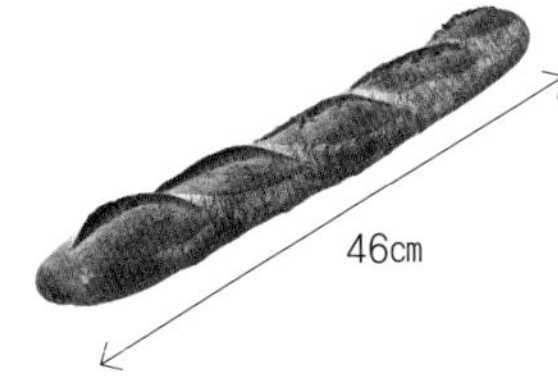

사용하는 빵

바게트

인근의 베이커리 '페니 레인 소라마치점'에서 구입한 '유기농 바게트'를 사용한다. 프랑스산 유기농 밀가루를 20% 배합해 맛이 깊고, 크럼이 촘촘해 샌드위치에 쓰기 편해서 채택했다.

하몽 세라노, 소금, 흑후추
발효 버터
마스카르포네 크림

햄과 치즈는 샌드위치의 기본 조합. 차별화의 포인트는 생크림, 더블 크림, 마스카르포네 치즈를 같은 비율로 섞은 수제 마스카르포네 크림이다. 시판 마스카르포네보다 산미가 부드럽고 깊은 맛이 나서 스페인산 생햄인 하몽 세라노의 진한 감칠맛을 돋보이게 한다.

INGREDIENT

바게트(16㎝ 폭으로 자른 것) …… 1개
발효 버터 …… 10g
마스카르포네 크림*1 …… 30g
하몽 세라노 …… 4장(40g)
소금, 흑후추 …… 적당량씩

***1 마스카르포네 크림**
마스카르포네 치즈, 생크림(유지방분 35%), 더블 크림을 같은 비율로 섞는다.

HOW TO MAKE

1. 빵에 가로로 칼집을 내고, 아랫면에 발효 버터를 바른다.
2. 마스카르포네 크림을 아랫면에 짠다.
3. 하몽 세라노를 늘어놓고, 소금, 흑후추를 뿌린다.

샌드위치 앤 코

아티자노

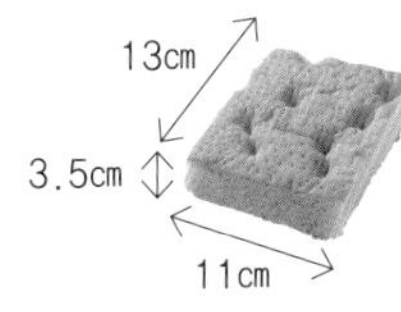

사용하는 빵

포카치아

올리브유를 듬뿍 넣어 향과 식감이 좋은 포카치아. 60×33㎝의 큰 판에 구워 12등분으로 잘라서 사용한다.

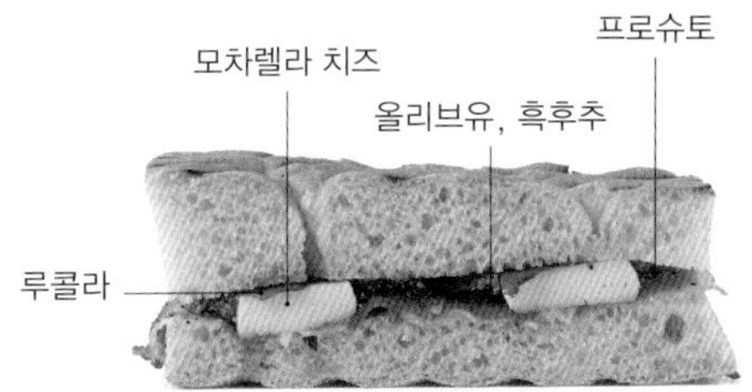

13×11㎝의 대담한 크기가 눈길을 사로잡는 파니니 샌드위치. 본고장인 이탈리아처럼 심플하게 재료를 넣어, 근본에 충실한 맛으로 인기가 있다. 생햄의 감칠맛과 풋내가 감도는 올리브유의 향, 마무리로 뿌린 흑후추와 신선한 루콜라의 향이 함께 느껴진다.

INGREDIENT

포카치아 …… 1개
엑스트라 버진 올리브유 …… 20g
프로슈토 …… 3장(39g)
모차렐라 치즈 …… 50g
루콜라 …… 4줄기
흑후추 …… 적당량

HOW TO MAKE

1 빵에 가로로 칼을 대고 위아래로 반을 자른다. 단면에 올리브유(10g)를 뿌린다.

2 아래가 되는 빵에 프로슈토를 늘어놓고, 그 위에 얇게 썬 모차렐라 치즈를 늘어놓는다.

3 루콜라를 한입 크기로 찢어 모차렐라 치즈 위에 흩뿌린다.

4 흑후추를 뿌리고, 올리브유(10g)를 끼얹는다. 위가 되는 빵을 덮는다.

5 파니니 메이커에 1분 정도 굽는다.

크래프트 샌드위치

햄과 주키니 소테 & 부라타 & 피스타치오 살사

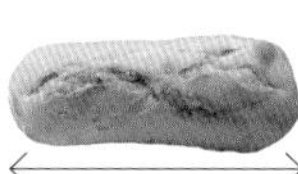

사용하는 빵

미니 바게트

일반 바게트의 1/3 정도인 작은 바게트. 재료의 맛이 돋보이도록 심심한 바게트를 선택했다. 먹기 편하게 크러스트는 얇고 속은 쫄깃하게 만들었지만, 토스트하면 바삭해진다.

레몬의 상큼한 산미와 구운 피스타치오의 식감이 인상적이다. 올리브유로 구운 주키니는 소금만 뿌려서 심플하게 맛을 낸다. 크리미한 부라타 치즈는 스프레드처럼 바게트에 바르고, 로스트 햄과 색이 예쁜 라디치오를 조합해 보기에도 화사하다.

INGREDIENT

미니 바게트 …… 1개
부라타 치즈 …… 1개(35g)
소금(게랑드산) …… 약간
엑스트라 버진 올리브유 …… 약간
주키니 소테*1 …… 55g
수제 로스트 햄*2…… 40g
피스타치오 살사*3 …… 20g
라디치오 …… 1장

***1 주키니 소테**

주키니(1개)를 1㎝ 두께로 둥글게 썬다. 프라이팬에 엑스트라 버진 올리브유를 두르고, 주키니를 굽는다. 불을 끄고 소금(게랑드산)을 살짝 뿌린다. 냉장실에 넣고 식힌다.

***2 수제 로스트 햄**

돼지 목살(약 500g), 월계수 잎(1장), 게랑드산 소금(돼지고기 중량의 1%), 사탕수수 설탕(돼지고기 중량의 0.5%), 엑스트라 버진 올리브유(15g)를 진공 팩에 넣고, 잘 주물러서 저온 조리기(63℃)로 3시간 반 동안 가열한다. 냉장실에 차갑게 식히고, 2㎜ 두께로 썬다.

***3 피스타치오 살사**

다진 이탈리아 파슬리(10g), 강판에 간 레몬 껍질(3g), 레몬즙(10g), 굵게 다진 구운 피스타치오(30g), 엑스트라 버진 올리브유(20g), 게랑드산 소금(1g), 꿀(3g)을 섞는다.

HOW TO MAKE

1 빵에 가로로 칼집을 낸다. 부라타 치즈를 반으로 잘라서 칼로 넓게 펼치고, 아랫면에 펴 바른다.

2 1의 위에 소금을 뿌리고, 올리브유를 끼얹는다.

3 주키니 소테, 수제 로스트 햄을 올리고, 피스타치오 살사를 끼얹는다. 한입 크기로 찢은 라디치오를 넣는다.

크래프트 샌드위치

생햄과 구운 포도 & 리코타 치즈

사용하는 빵

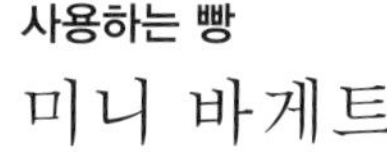

18.5㎝

구운 포도의 단맛과 생햄의 짭짤한 맛이 어우러져 와인과 잘 맞는 샌드위치. 크리미하고 감칠맛 나는 리코타 치즈를 조합해 깊은 맛을 냈다. 진한 맛의 재료와의 균형을 고려해 채소는 씁쓸하면서 참깨처럼 고소한 루콜라를 선택했다.

INGREDIENT

미니 바게트 …… 1개
리코타 치즈 …… 40g
엑스트라 버진 올리브유 …… 10g
소금(게랑드산) …… 약간
구운 포도*1 …… 70g
구운 헤이즐넛 …… 10g
생햄 …… 1장
루콜라 …… 3g

***1 구운 포도**

포도(씨가 없는 것) …… 300g
꿀 …… 15g
엑스트라 버진 올리브유 …… 10g
소금(게랑드산) …… 2g

1 작은 오븐 접시에 포도를 담은 다음, 꿀, 올리브유, 소금으로 맛을 낸다.
2 180℃ 오븐에 20~25분간 굽고, 냉장실에서 차갑게 식힌다.

HOW TO MAKE

1 빵에 가로로 칼집을 내고, 아랫면에 리코타 치즈를 바른다. 올리브유와 소금을 뿌린다.

2 구운 포도, 구운 헤이즐넛, 생햄을 올리고, 루콜라를 넣는다.

팽 가라토 블랑제리 카페

수제 파테, 생햄, 채소 콩디망을 넣은 '바게트 샌드위치'

콩디망(=양념)으로 만든 채소를 넣은 카스 크루트의 한 종류. 건조 생햄과 반건조 토마토처럼 수분을 뺀 재료를 조합해 강한 맛을 내는 동시에 상할 염려도 적다. '머스터드 칩'처럼 건조한 질감의 재료는 소스를 접착제처럼 발라서 고정한다.

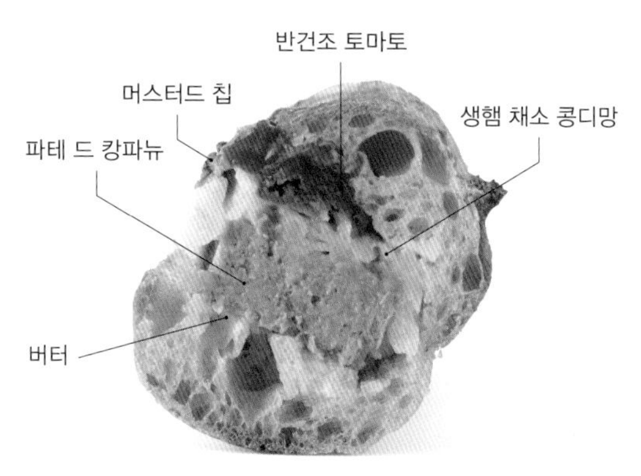

사용하는 빵

바게트

'콩쿠르 뒤 팽 트라디쇼넬'에서 우승한 바게트. 곡물 본연의 단맛을 최대한 끌어내는 레스펙투스 파니스 제법으로 밀가루의 풍미를 냈다. 한 입에 빵과 재료를 모두 맛볼 수 있도록 반죽을 길쭉하게 성형해, 완성품의 두께는 5㎝가 채 되지 않는다.

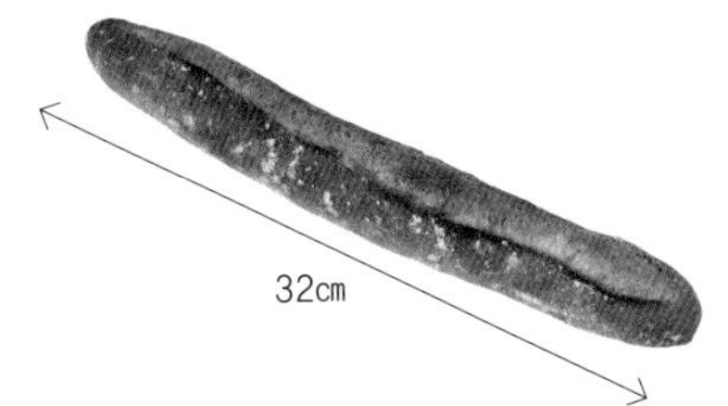

INGREDIENT

바게트 …… 1/2개
버터 …… 3g
파테 드 캉파뉴*1 …… 60g
생햄 채소 콩디망*2 …… 30g
머스터드 칩*3 …… 4g
반건조 토마토*4
…… 18g(반으로 자른 것, 4개)

***1 파테 드 캉파뉴**

A 돼지 목살(간 것) …… 4㎏
베이컨(간 것) …… 2.3㎏
하얀 닭 간(간 것)
…… 1.8㎏
소금 …… 75g
B 카트르 에피스 …… 0.5g
셀러리 소금 …… 1g
생강 가루 …… 0.5g
C 달걀 …… 8개
코냑 …… 180g
루비 포트 와인 …… 180g

1 차가운 볼에 A를 모두 담고 소금을 넣어 점성이 생길 때까지 치댄다. B를 넣어 섞다가 C를 넣고 치댄다.
2 파운드 틀에 종이 포일을 깔고, 1을 채워 넣어 공기를 뺀다. 종이 포일로 감싸고, 알루미늄 포일로 뚜껑을 만들어 덮는다. 83℃ 오븐에 2시간 동안 중탕으로 가열한다. 급랭해서 냉장실에 하룻밤 이상 둔다.

***2 생햄 채소 콩디망**

경수채 …… 15g
양배추 …… 30g
매시드 포테이토(18쪽 참조)
…… 7g
A 마요네즈 …… 15g
화이트 와인 비니거 …… 3g
소금 …… 약간
백후추 …… 약간
생햄 …… 4g

1 경수채는 5㎜ 폭으로 썬다. 양배추는 1통을 알루미늄 포일로 감싸서 160℃ 오븐에 굽고, 사방 5㎜로 깍둑썬다.
2 1과 매시드 포테이토를 섞다가 A를 넣어 간을 한다.
3 오븐 팬에 종이 포일을 깔고 생햄을 늘어놓는다. 열기가 남은 오븐에 넣고 오븐 문을 연 채로 하룻밤 둔다. 말린 생햄을 적당히 나눠서 2에 넣고 섞는다.

***3 머스터드 칩**

오븐 팬에 종이 포일을 깔고, 홀 그레인 머스터드를 얇게 펼친다. 100℃ 오븐에 3시간 동안 말리듯이 굽는다.

***4 반건조 토마토**

반건조 토마토는 방울토마토를 껍질째 반으로 잘라 100℃ 오븐에 70분간 가열한다.

끝에서 끝까지 파테가 입안에 들어오도록

1 빵에 가로로 칼집을 내고, 모든 단면에 버터를 바른다. 8㎜ 두께로 썬 파테 드 캉파뉴를 늘어놓는다.

파테에 소스를 붓는 느낌으로 '양념'을 올린다

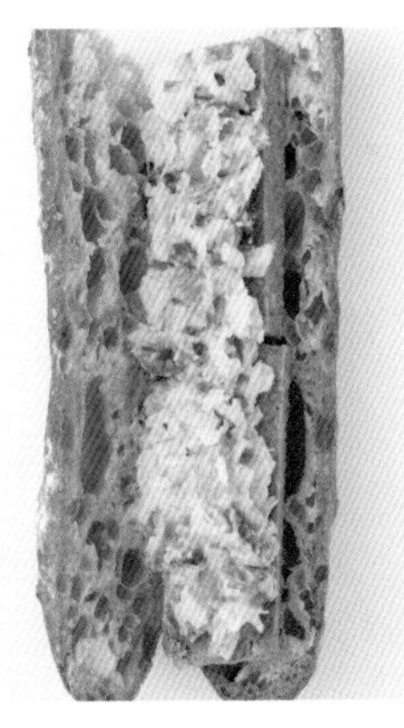

2 1의 위에 생햄 채소 콩디망을 균일하게 펴 바른다. 파테를 콩디망이라는 소스와 먹는 느낌이다.

풍미를 응축시킨 재료가 맛을 한층 살린다

3 머스터드 칩을 적당히 잘라서 2의 위에 늘어놓는다. 그 위에 풍미를 응축시킨 반건조 토마토를 늘어놓는다.

다카노 팽

홀리데이 밀라노 샌드위치

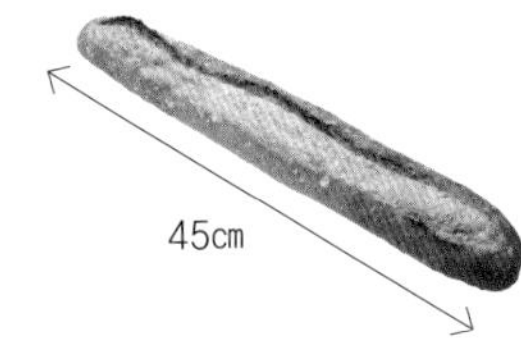

사용하는 빵

바게트

프랑스산 등 3가지 밀가루와 볶은 옥수숫가루를 배합한다. 40시간 정도 저온 발효해 가볍고 폭신하며 물리지 않는 맛과 식감을 낸다. 샌드위치용은 얇게 구워서 베어 먹기 더욱 좋다. 1개를 1/3로 잘라서 사용한다.

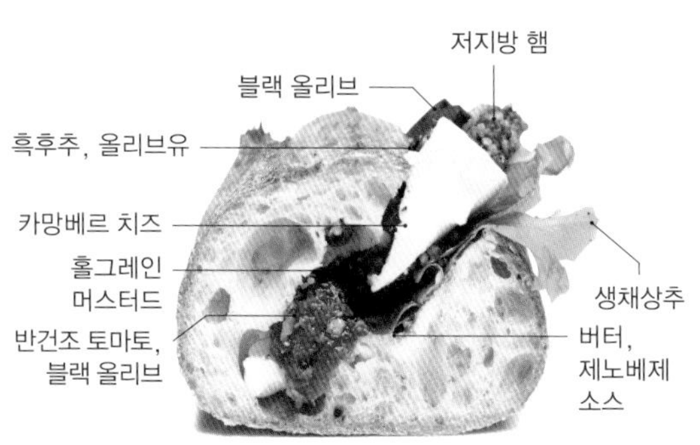

지방이 적은 붉은 고기 햄과 블랙 올리브, 반건조 토마토, 카망베르 치즈의 조합. 올리브를 반으로 잘라 빵 속에 넣어 짠맛과 감칠맛을 강조한다. 여기에 얇게 썬 올리브로 장식해 다채롭게 완성한다. 반건조 토마토와 홀그레인 머스터드의 산미를 더해 맛이 한층 깊어진다.

INGREDIENT

바게트 …… 1/3개
버터 …… 7g
제노베제 소스(시판품) …… 5g
홀그레인 머스터드 …… 5g
생채상추 …… 8g
블랙 올리브*1 …… 2개
올리브유 A*1 …… 3g
오일에 담근 반건조 토마토 …… 1개
저지방 햄*2 …… 40g
올리브유 B*2 …… 2g
카망베르 치즈 …… 6.25g
블랙 올리브(둥글게 자른 것) …… 6조각
올리브유 C …… 적당량
흑후추 …… 적당량

***1 블랙 올리브, 올리브유 A**
반으로 잘라서 올리브유를 묻힌다.

***2 저지방 햄, 올리브유 B**
지방이 적은 붉은 고기로 만든 햄을 8㎜ 두께로 썰어서 올리브유를 묻힌다.

HOW TO MAKE

1 빵에 칼집을 내고, 아랫면에 버터와 제노베제 소스를, 윗면에 홀그레인 머스터드를 바른다.

2 생채상추를 깔고, 블랙 올리브와 반으로 자른 반건조 토마토를 교대로 늘어놓는다.

3 저지방 햄을 늘어놓고, 카망베르 치즈를 가운데에 올린다. 둥글게 썬 블랙 올리브를 좌우에 늘어놓는다. 올리브유 C를 끼얹고, 흑후추를 뿌린다.

다카노 팽

비프 파스트라미 캉파뉴 샌드위치

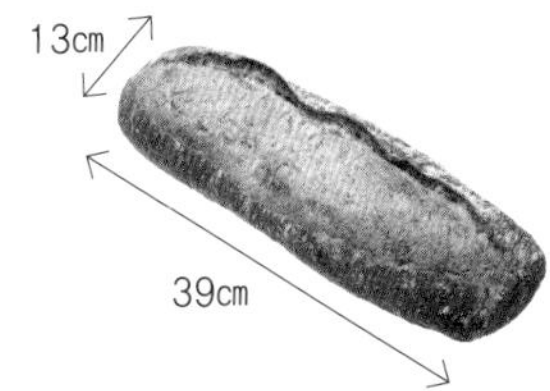

사용하는 빵

캉파뉴

굵은 호밀 가루를 12% 배합하고, 수제 건포도 액종으로 저온에서 장시간 발효한다. 800g으로 분할해 구운 캉파뉴는 산미가 적어서 고기 요리, 치즈와 궁합이 좋다. 식감이 촉촉하면서 베어 먹기 편하다.

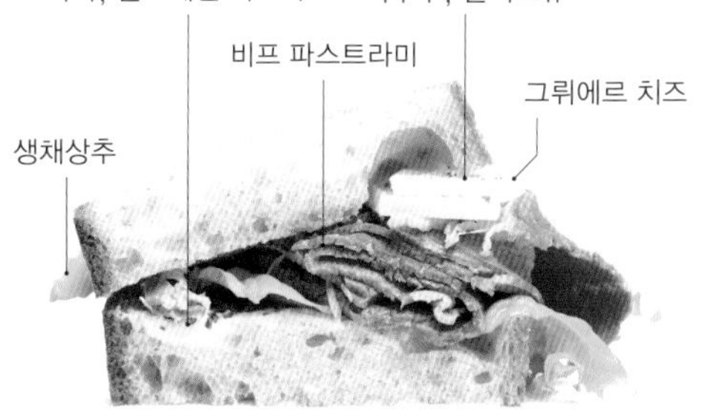

소금에 절인 소 양짓살에 흑후추를 묻혀 훈연한 파스트라미가 주인공. 그뤼에르 치즈를 곁들여 감칠맛을 더하고, 홀그레인 머스터드와 반건조 토마토로 새콤함을 더했다. 캉파뉴의 적당한 산미와 촉촉한 식감이 재료를 감싸며 전체를 아우른다.

INGREDIENT

캉파뉴(1.3㎝ 두께로 썬 것) …… 2장
버터 …… 8g
홀그레인 머스터드 …… 5g
생채상추 …… 7g
비프 파스트라미*1 …… 40g
그뤼에르 치즈(3㎜ 두께로 썬 것) …… 2조각(약 8g)
오일에 담근 반건조 토마토 …… 1개
올리브유 …… 적당량
흑후추 …… 적당량

***1 비프 파스트라미**
소 양짓살을 푹 익혀서 향신료를 묻힌 시판품을 사용한다.

HOW TO MAKE

1 빵 1장에 버터를 바르고, 그 위에 홀그레인 머스터드를 바른다.

2 생채상추를 깔고, 비프 파스트라미를 접어서 올린다.

3 3㎜ 두께로 길쭉하게 자른 그뤼에르 치즈 2조각을 가운데에 엇갈리게 올린다.

4 반으로 자른 반건조 토마토를 치즈 양 끝에 올리고, 올리브유와 흑후추를 끼얹는다.

팽 스톡

보카디요

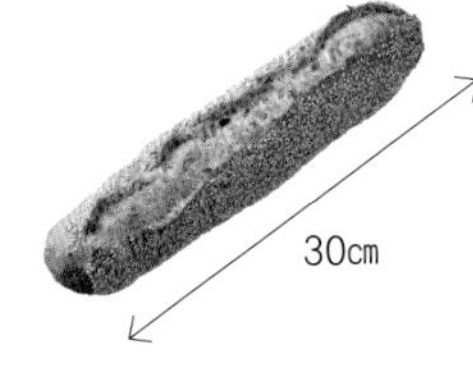

사용하는 빵

BIO 밀가루 바게트

유기농 전립분을 배합해서 씹으면 곡물의 감칠맛이 은은하게 퍼지는 캄파뉴 반죽을 길쭉한 바게트로 성형하고, 참깨를 묻혀서 구운 빵. 참깨의 기름이 빵에 스며들어 씹는 맛을 증폭시킨다.

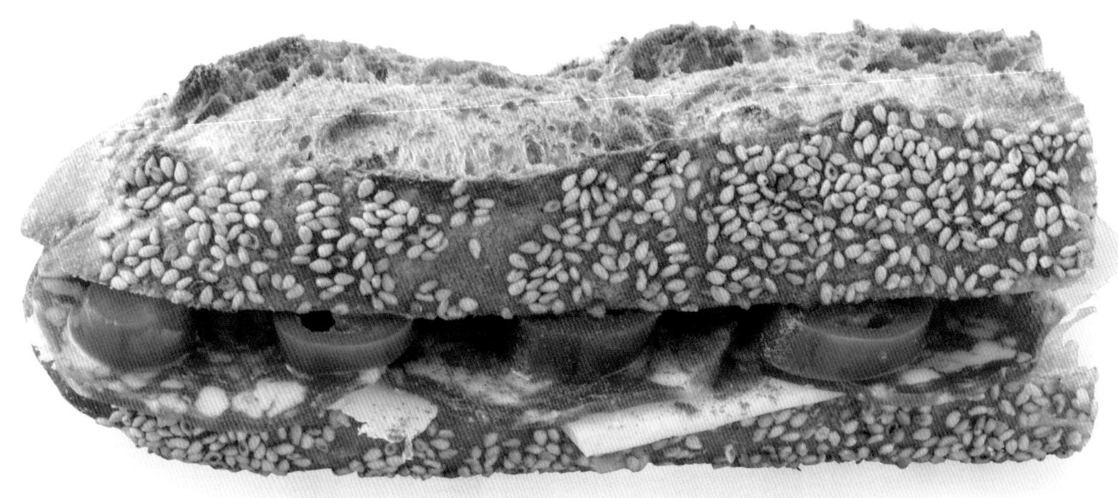

스페인을 여행하면 만날 수 있는 바게트 샌드위치 '보카디요'를 재현했다. 고소한 깨를 입힌 바게트에 프랑스산 소시송(소프트 살라미)과 그뤼에르 치즈를 조합했다. 이 3가지의 균형이 맛의 키포인트. 할라페뇨의 알싸하고 날카로운 매콤함이 맛있는 자극을 준다.

INGREDIENT

BIO 밀가루 바게트 …… 1/2개
수제 마요네즈(13쪽 참조) …… 2큰술
그뤼에르 치즈(슬라이스) …… 3조각
소프트 살라미 …… 3장
식초에 절인 할라페뇨 (시판품, 슬라이스) …… 4조각
파프리카 파우더 …… 적당량

HOW TO MAKE

1. 빵에 가로로 칼집을 낸다.
2. 자른 곳을 벌리고, 아랫면에 수제 마요네즈를 바른다.
3. 그뤼에르 치즈, 소프트 살라미, 식초에 절인 할라페뇨 순으로 올리고, 파프리카 파우더를 뿌린다.

팽 스톡

두툼한 베이컨

사용하는 빵

기타노카오리

밀가루 대비 110% 이상의 물을 넣어 만드는 루스틱으로, 홋카이도산 밀가루인 기타노카오리 특유의 단맛이 느껴져 인기 있는 빵. 바삭하고 얇은 크러스트, 촉촉하고 입안에서 녹는 크럼은 샌드위치로 만들어도 먹기 편하다.

호쾌하게 툭 넣은 두툼한 베이컨과, 프라이팬에 양면을 천천히 구운 두툼한 양파가 눈에 띄는 샌드위치. 포만감이 충분하고 보기에도 임팩트가 있어서 인기가 많다. 마늘 향이 감도는 사워크림 어니언을 듬뿍 곁들여 더욱 푸짐하다.

INGREDIENT

기타노카오리 …… 1개
루콜라 …… 1줄기
두툼한 베이컨 소테*1 …… 1조각
두툼한 양파 구이*2 …… 1조각
사워크림 어니언*3
…… 넉넉한 1큰술

***1 두툼한 베이컨 소테**

프라이팬에 올리브유를 둘러 중불로 달군 다음, 8㎜ 두께로 두툼하게 썬 베이컨을 굽는다. 흑후추를 뿌리고, 양면이 노릇노릇해지면 불에서 내린다.

***2 두툼한 양파 구이**

양파의 꼭지와 껍질을 제거하고, 섬유질을 끊는 방향으로 칼을 대고 1㎝ 두께로 썬다. 프라이팬에 올리브유를 둘러 약불로 달구고, 양파를 굽는다. 소금, 흑후추로 간한다.

***3 사워크림 어니언**

1 프라이팬에 올리브유를 둘러 중불로 달구고, 다진 양파(3개 분량)를 볶는다. 간 마늘(3쪽 분량)을 넣어 섞다가 소금을 넣고 양파의 숨이 죽을 때까지 볶는다. 흑후추를 뿌린다.
2 사워크림(500g)에 레몬즙(1/2개 분량), 양파 가루(8g), 다시마차(8g)를 넣고 고루 섞는다.
3 2에 1을 넣고 잘 섞는다. 소금, 흑후추로 간을 한다.

HOW TO MAKE

1 빵의 아래가 1/3이, 위가 2/3가 되도록 가로로 칼집을 낸다. 루콜라를 올리고, 두툼한 베이컨 소테, 두툼한 양파 구이 순으로 올린다.

2 사워크림 어니언을 얹는다.

더 루츠 네이버후드 베이커리

수제 베이컨, 시금치 프리타타, 타프나드 소스

시금치를 넣은 이탈리아식 오픈 오믈렛에 두툼한 베이컨을 조합한 샌드위치. 올리브와 안초비, 마늘, 피클로 만드는 남프랑스의 타프나드 소스가 맛의 포인트. 반건조 방울토마토도 토핑해서 색감도 화사하다. 마치 런치 플레이트 같은 샌드위치.

사용하는 빵

치아바타

11㎝

샌드위치용으로 굽는 치아바타는 손으로 반죽하는 세미 하드 계열. 씹는 맛이 제대로 나고 베어 먹기 편해서 샌드위치에 적합하다. 올리브유를 10% 배합해, 차가워도 딱딱해지지 않아서 냉장 샌드위치도 만들 수 있다.

INGREDIENT

치아바타 …… 1개
적상추 …… 2장
시금치 프리타타*1 …… 1조각
수제 베이컨*2 …… 1조각
타프나드 소스*3 …… 10g
반건조 토마토(37쪽 참조) …… 1/2개×2개

***1 시금치 프리타타**

올리브유 …… 적당량
마늘(다진 것) …… 2쪽 분량
시금치 …… 2묶음
달걀 …… 8개
생크림 …… 200㎖
우유 …… 200㎖
소금 …… 8g
백후추 …… 적당량
감자(껍질을 벗기고 주사위 모양으로 썬 것) …… 200g
구운 양파(21쪽 참조) …… 150g
몬트레이 잭 슈레드 치즈 …… 150g

1 프라이팬에 올리브유를 둘러 중불로 달구고, 마늘을 넣어 향을 낸다. 대강 썬 시금치를 넣고 볶는다.
2 달걀, 생크림, 우유, 소금, 백후추를 잘 섞어 아파레유를 만든다.
3 감자를 쪄서 익힌다.
4 2의 아파레유에 1, 3, 구운 양파, 몬트레이 잭 슈레드 치즈를 넣어 잘 섞고, 안쪽 치수 33×26㎝ 배트에 부어 넣는다.
5 180℃ 오븐에 약 40분간 굽는다. 한 김 식히고 10×3㎝로 자른다.

***2 수제 베이컨**

돼지 삼겹살(덩어리) …… 1㎏
소금 …… 돼지고기 중량의 3%
그래뉴당 …… 돼지고기 중량의 1.5%
백후추 …… 적당량

1 돼지 삼겹살에 소금, 그래뉴당, 백후추를 문질러 바르고, 랩으로 감싸서 2일 밤 동안 냉장실에서 재운다. 물에 씻어서 진공 팩에 넣고, 80℃ 중탕으로 40분간 가열한다.
2 중화 냄비 바닥에 벚나무 훈연칩과 그래뉴당 1자밤을 깔고, 석쇠를 놓는다.
3 1의 돼지 삼겹살을 물에 씻고, 물기를 닦아서 2의 석쇠에 올린다. 뚜껑을 덮고 중불에 올려 약 20분간 훈연해 겉면에 향을 입힌다. 2㎜ 두께로 썬다.

***3 타프나드 소스**

블랙 올리브 …… 500g
안초비 …… 50g
마늘 …… 3쪽
오이 피클(시판품) …… 50g
화이트 와인 비니거 …… 20g
올리브유 …… 적당량

1 블랙 올리브, 안초비, 마늘, 오이 피클, 화이트 와인 비니거를 푸드프로세서에 갈아서 페이스트로 만든다.
2 올리브유를 부으며 갈아서 농도를 조절한다.

HOW TO MAKE

1 빵에 가로로 칼집을 내고, 적상추를 넣는다.

2 시금치 프리타타와 수제 베이컨을 넣고, 타프나드 소스를 얹는다. 소스 가운데에 반건조 토마토를 올린다.

33(산주산)

수제 알밤 돼지 베이컨 & 청사과 & 라임

사용하는 빵

얼그레이 풍미의 캉파뉴

기타노카오리와 맷돌로 간 규슈산 밀가루에 호밀 가루 탕종을 20% 배합하고, 수제 건포도 액종과 주종을 넣어 장시간 발효한다. 얼그레이 찻잎, 망고, 호두를 넣고 반죽해 향이 풍부한 캉파뉴.

껍질째 얇게 썬 청사과의 산뜻한 향과 아삭한 식감이, 히커리 칩으로 훈연한 수제 베이컨의 감칠맛을 돋보이게 한다. 베이컨은 버터에 구워 고소함이 감돌아 존재감을 더욱 드러낸다. 라임즙을 짜서 마무리해 상쾌한 여운을 남긴다.

INGREDIENT

얼그레이 풍미의 캉파뉴 …… 1개
홀그레인 머스터드 …… 5g
적상추 …… 1장
수제 베이컨*1
…… 2조각(100~110g)
라임즙 …… 적당량
청사과(시나노 골드)*2 …… 3조각
라임*2 …… 1조각
루콜라 …… 1줄기

***1 수제 베이컨**

알밤을 먹여서 키운 스페인산 돼지의 목살(3㎏)을 사용한다. 돼지고기를 반으로 잘라 소금(돼지고기 중량의 1.5%)과 그래뉴당(돼지고기 중량의 0.5%)을 고루 묻힌다. 탈수용 시트로 감싸서 4℃ 이하의 냉장실에 넣고, 시트를 바꿔가며 7~10일 동안 두어 물기를 뺀다. 히커리 칩으로 8시간 동안 훈연한다. 5~6㎜ 두께로 썰고, 버터를 두른 프라이팬에 굽는다.

***2 청사과, 라임**

청사과는 심을 제거한 다음, 껍질째 2~3㎜ 두께의 반달 모양으로 썬다. 라임은 2㎜ 두께로 둥글게 썬다.

HOW TO MAKE

1 빵에 칼집을 내고, 홀그레인 머스터드를 바른다. 적상추를 깐다.

2 베이컨 2장을 겹쳐서 올리고, 라임즙을 끼얹는다.

3 청사과를 빵과 베이컨 사이에, 베이컨과 베이컨 사이에 끼워 넣는다. 라임, 루콜라를 올린다.

해산물
샌드위치

BRAND-NEW SANDWICH

블랑 아 라 메종

후지야마산 방어 필레 오 피시와 아보카도 오이 게살 타르타르소스

바삭하게 튀긴 방어 튀김 샌드위치. 쌀누룩을 넣은 루스틱은 씹으면 은은하게 달아서, 방어처럼 일식에서 자주 쓰는 생선을 튀긴 것과 궁합이 좋다. 튀김의 기름진 맛을 중화시키는 산뜻한 요구르트 타르타르소스가 전체를 아우른다. 쌉싸름한 알팔파가 맛을 더욱 살린다.

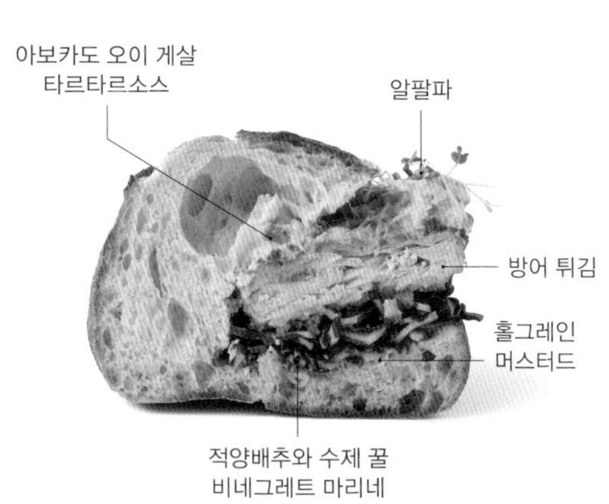

사용하는 빵

쌀누룩 루스틱

쌀누룩에 어울리는 깊은 단맛과 달달한 향이 나는 홋카이도산 하루유타카를 100% 사용했다. 쌀누룩을 뜨거운 물에 불려 반죽에 섞어서 아마자케 같은 단맛을 끌어낸다. 쫄깃한 식감이 특징.

14.5㎝

INGREDIENT

쌀누룩 루스틱 …… 1개
홀그레인 머스터드 …… 1.5g
적양배추와 수제 꿀 비네그레트 마리네*1 …… 32g
방어 튀김 …… 107g
아보카도 오이 게살 타르타르소스*2 …… 27g
알팔파 …… 적당량

***1 적양배추와 수제 꿀 비네그레트 마리네**

잘게 채 썬 적양배추를 수제 꿀 비네그레트(75쪽 참조)에 버무린다.

***2 아보카도 오이 게살 타르타르소스**

아보카도 …… 1개
오이 …… 1/2개
A 요구르트(물기를 뺀 것) …… 300g
찢은 게살 …… 20g
딜 …… 적당량
엑스트라 버진 올리브유 …… 적당량
소금 …… 적당량
흑후추 …… 적당량

1 아보카도와 오이를 사방 1㎝로 깍둑썬다.
2 A를 한데 넣고 거품기로 섞는다.
3 2에 1을 넣어 가볍게 버무리고, 소금과 흑후추로 간을 한다.

빵에 낸 칼집에 홀그레인 머스터드를 짠다

1 빵의 긴 변에 칼끝을 대고 아래로 비스듬히 칼집을 낸다. 아랫면에 홀그레인 머스터드를 짠다. 홀그레인 머스터드는 재료의 무게로 인해 균일하게 퍼지도록 선을 그리듯이 짠다.

적양배추 마리네를 넣는다

2 적양배추와 수제 꿀 비네그레트 마리네를 넣는다. 부드러운 단맛이 홀그레인 머스터드의 쨍한 신맛을 중화시킨다.

튀긴 방어와 타르타르소스를 올린다

3 바삭하게 튀긴 3㎝ 두께의 방어 튀김을 적양배추 마리네 위에 올리고, 아보카도 오이 게살 타르타르소스를 바른다. 타르타르소스는 산뜻하면서 아보카도의 크리미함과 게살의 풍미가 느껴져 만족감을 더해준다.

알팔파로 색감과 풍미를 더한다

4 알팔파를 넣으면 보기에도 신선하다. 은은한 쓴맛이 포인트가 된다.

베이커리 틱택

긴잔지미소와 타르타르 피시 샌드위치

곡물을 여러 채소와 함께 자연 발효한 된장이자 와카야마의 전통 보존식품인 긴잔지미소. 이것으로 소스를 만들어 지역색이 완연한 샌드위치이다. 생선×미소×크림치즈가 괜찮은 조합이라고 생각해서 개발했다. 긴잔지미소 소스는 샌드위치를 먹자마자 느껴지도록 아랫면에 바른다. 튀긴 생선, 쌉싸름한 케일, 고소한 잡곡빵이 잘 어우러진다.

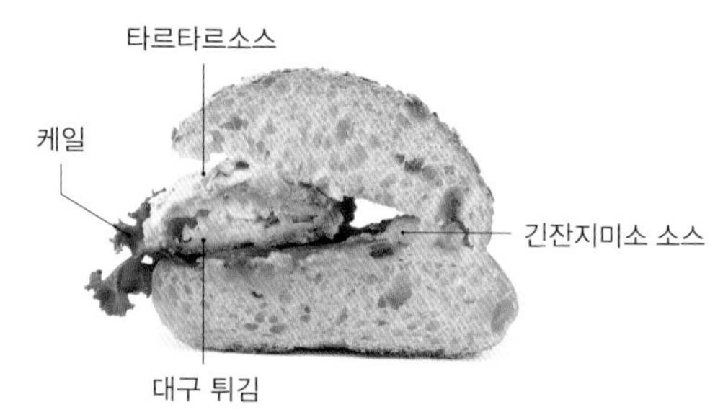

사용하는 빵

잡곡 번

'고가수 소프트 바게트'(31쪽 참조) 반죽에 귀리, 해바라기씨, 참깨, 아마씨를 배합한 혼합 씨앗을 묻혀서 굽는다. 고소하고 톡톡 터지는 식감이 특징이다. 생선 샌드위치, 멘치가츠 버거 등 튀김을 넣는 샌드위치에 주로 사용한다.

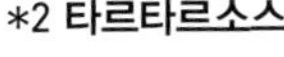

INGREDIENT

잡곡 번 …… 1개
긴잔지미소 소스*1 …… 15g
케일 …… 2g
대구 튀김(시판품) …… 1개(45g)
타르타르소스*2 …… 20g

***1 긴잔지미소 소스**

크림치즈 …… 100g
마요네즈 …… 50g
긴잔지미소 …… 250g

포마드 형태로 만든 크림치즈에 마요네즈를 넣고 섞는다. 긴잔지미소를 넣고 섞는다.

***2 타르타르소스**

피클(스위트 피클) …… 250g
양파 …… 100g
마요네즈 …… 200g

피클은 물기를 빼고 푸드프로세서에 잘게 다진 다음, 다시 물기를 뺀다. 다진 양파와 마요네즈를 넣고 섞는다.

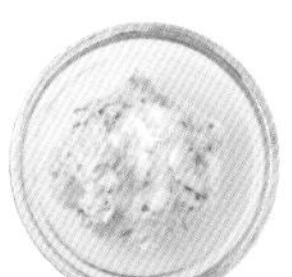

크림치즈와 미소로 복합적인 맛을 낸다

1 빵에 가로로 칼집을 내고, 아랫면에 긴잔지미소 소스를 바른다. 먹었을 때 혀끝에 긴잔지미소가 가장 먼저 느껴지게 한다.

쌉싸름한 케일이 맛을 살려준다

2 1에 케일을 올린다. 은은한 쓴맛이 입맛을 돋운다. 양상추보다 모양이 잘 유지되어 포장 판매에 적합하다.

시판 튀김은 스팀 컨벡션 오븐에 튀긴다

3 대구 튀김을 오븐 팬에 늘어놓고 스팀 컨벡션 오븐의 튀김 모드로 익힌다. 식혀서 2에 올린다.

타르타르소스는 산뜻하게 맛을 낸다

4 튀김 위에 타르타르소스를 올린다. 튀김에는 달걀이 없는 심플한 타르타르소스를 더해 깔끔하게 맛을 낸다.

베이크하우스 옐로나이프

스파이시 피시 샌드위치

누룩 소금, 향신료, 허브로 밑간을 한 흰살생선 튀김을 넣은 푸짐한 샌드위치. 나마스를 넣은 타르타르소스로 아삭한 식감을 더했다. 빵에 바르는 살사 베르데 소스의 새콤함과 시골 빵의 은은한 산미가 이루는 상승효과가 튀김의 기름진 맛을 잡아준다.

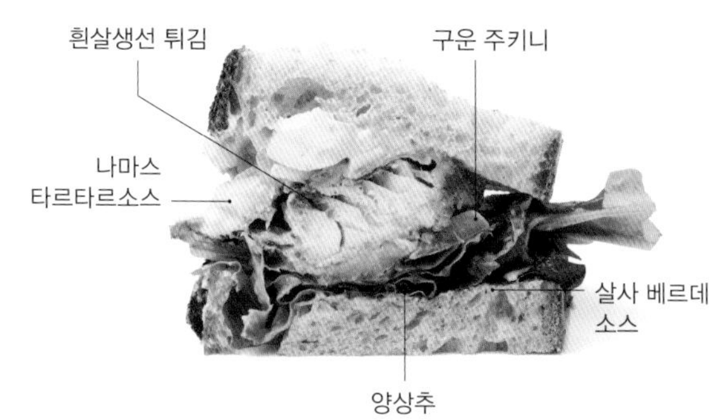

사용하는 빵

시골 빵

사이타마산 강력분인 하나만텐을 80%, 사이타마 가타야마 농장의 전립분을 20% 배합했다. 쫄깃한 식감과 은은한 산미가 특징이다. 슬라이서로 2㎝ 두께로 썰어 사용한다.

18㎝

30㎝

INGREDIENT

시골 빵(2㎝ 두께로 썬 것) …… 2장
양상추 …… 10g
구운 주키니*1 …… 52g
살사 베르데 소스*2 …… 18.5g
흰살생선 튀김*3 …… 66g
나마스 타르타르소스*4 …… 60g

***1 구운 주키니**

주키니는 길이 14㎝, 두께 3㎜로 썰어서 소금을 살짝 뿌리고, 올리브유를 두른 프라이팬에 노릇하게 굽는다.

***2 살사 베르데 소스**

이탈리안 파슬리(생) …… 30g
바질(생) …… 10g
케이퍼 …… 10g
마늘 …… 1쪽
안초비 …… 20g
구운 잣 …… 50g
소금(게랑드산) …… 약간
엑스트라 버진 올리브유 …… 200g
레몬즙 …… 1개 분량

모든 재료를 푸드프로세서에 넣고, 저속으로 1~2분간 갈아서 식감이 남는 페이스트를 만든다.

***3 흰살생선 튀김**

흰살생선(대구, 4조각)을 배트에 놓고, 누룩 소금(1큰술)을 고루 바른다. 터메릭 파우더, 코리앤더 파우더, 큐민 파우더(1큰술씩)를 뿌린다. 그 위에 레몬 껍질(1/2개 분량), 허브 줄기(적당량)를 올리고, 랩으로 밀폐해서 냉장실에 하룻밤 동안 재운다. 레몬 껍질과 허브 줄기를 제거하고, 박력분, 달걀, 빵가루를 묻혀서 200℃ 올리브유에 5~8분간 튀긴다.

***4 나마스 타르타르소스**

나마스를 만든다. 냄비에 쌀식초(100g), 물(100g), 설탕(50g), 소금(약간), 허브(딜이나 오레가노, 적당량)를 넣고 불에 올려서 끓인다(*A*). *A*에 잘게 채 썬 당근(1개 분량)과 무(1/4개 분량)를 담그고, 그대로 식힌다. 삶은 달걀(1개), 마요네즈(50g), 올리브유(20g), 소금(약간)으로 만든 타르타르소스에 나마스(50g)를 섞는다.

소스의 은은한 산미가 재료의 맛을 끌어올린다

1 2㎝ 두께로 자른 빵을 2장 놓고, 한쪽 면에 살사 베르데 소스를 바른다. 은은한 산미가 나는 시골 빵은 새콤한 소스와 잘 어울린다.

주키니의 수분으로 더욱 쫄깃하게

2 한입 크기로 찢은 양상추, 구운 주키니 순으로 올린다. 빵 사이에 넣고 시간이 지나면 주키니의 수분이 빵에 스며들어 더욱 쫄깃해진다.

나마스로 아삭한 식감을 더한다

3 흰살생선 튀김은 누룩 소금, 향신료, 허브로 밑간한다. 삶은 달걀을 넣은 타르타르소스에는 쌀식초와 설탕으로 맛을 낸 새콤달콤한 당근 무 나마스를 넣어 아삭한 식감을 강조한다.

샤포 드 파이유

샤포 드 파이유식 고등어 샌드위치

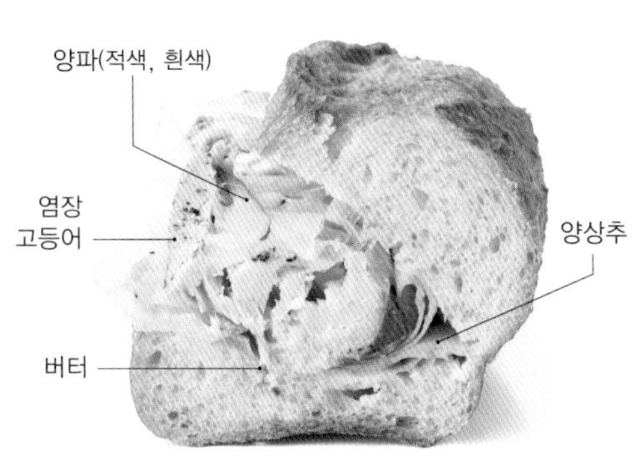

고등어의 지방 때문에 텁텁하지 않게 레몬즙과 흑후추를 듬뿍 뿌려 깔끔한 맛을 냈다. 얇게 썬 양파는 고등어의 맛이 묻히지 않게 적당량만 넣는 것도 포인트. 적양파와 흰 양파를 함께 사용해 색감에도 신경 썼다.

사용하는 빵

바게트

반죽에 참기름을 넣어 고소함을 더하고, 씹는 맛이 좋게 만든 바게트. 저온에서 장시간 발효해 크럼이 쫄깃하다. 210℃에서 21분간 구워 크러스트는 얇고 바삭하다.

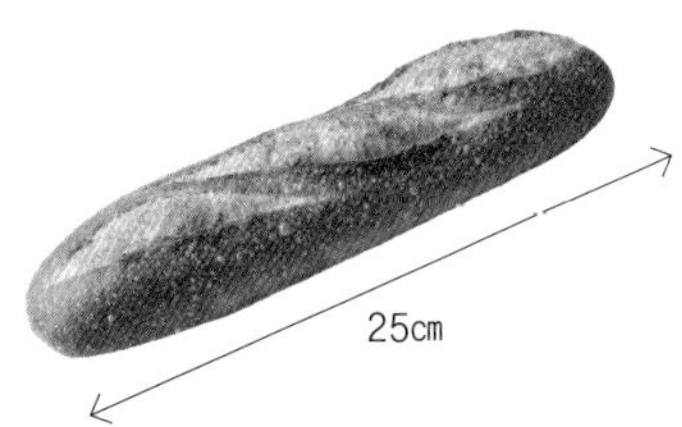

INGREDIENT

바게트 …… 1개
염장 고등어*1 …… 83g
레몬즙 …… 10g
흑후추 …… 적당량
버터 …… 12g
양상추 …… 30g
양파(적색, 흰색) …… 28g

***1 염장 고등어**

염장 고등어(냉동) …… 적당량
월계수 잎 …… 적당량
타임 …… 적당량

1 냉동 염장 고등어를 해동하고, 껍질을 벗겨서 훈제기에 30분 정도 훈연한다.
2 눈에 보이는 가시를 제거하고, 월계수 잎, 타임과 함께 내열 비닐봉지에 넣어 진공 상태로 만든다.
3 82.5℃의 뜨거운 물에 2시간 동안 저온 조리하고, 한 김 식힌다. 냉장실에 넣고 차갑게 만들어 사용한다.

염장 고등어는 레몬즙으로 담백하게

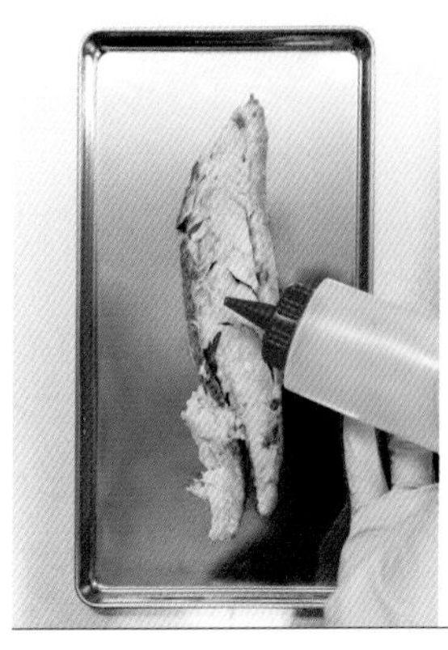

1 염장 고등어는 빵 사이에 넣기 직전에 레몬즙과 흑후추를 넉넉히 뿌린다. 이 작업은 염장 고등어를 바게트 위가 아닌 별도의 평평한 곳에 두고, 살을 손끝으로 살짝 눌러 풀어서 진행한다. 레몬즙이 밖으로 흐르지 않고 잘 스며든다.

고등어는 손끝으로 눌러 빵 끝까지 퍼지게

2 빵의 위아래가 거의 균등하게 가로로 칼집을 낸다. 자른 곳을 벌리고, 포마드 형태의 버터를 바른 다음, 한입 크기로 찢은 양상추를 올린다. 그 위에 1을 올리고, 손끝으로 눌러 풀면서 빵 끝까지 퍼뜨린다.

얇게 썬 양파는 적당량만

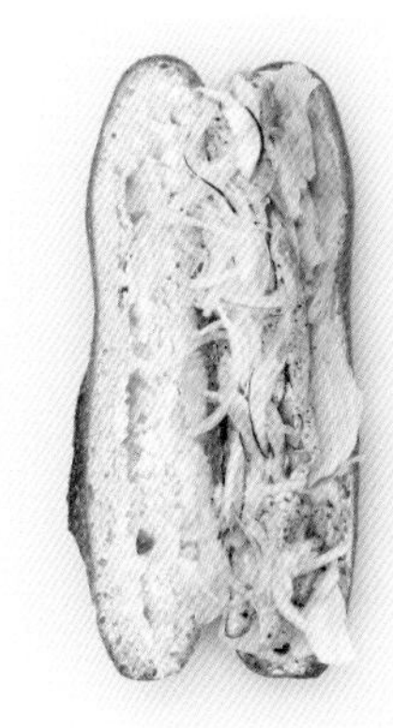

3 염장 고등어 위에 얇게 썬 양파를 올린다. 선명한 색감을 위해 적색과 흰색 양파를 반반 섞는다. 양파는 고등어의 풍미를 해치지 않을 정도의 양만 올린다.

블랑 아 라 메종

고등어 데리야키와 고르곤졸라 소스

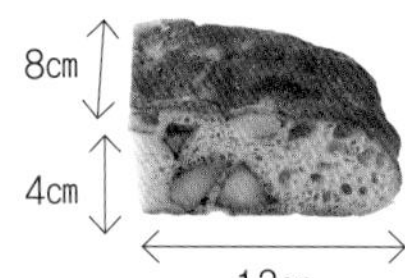

사용하는 빵

남작 감자 포카치아

대강 썰고 밀가루를 뿌려 튀긴 남작 감자를 큼직하게 넣어 고소하고 포슬포슬한 식감을 냈다. 반죽은 기타노카오리 혼합 강력분에 기타노카오리 전립분을 20% 배합했다. 물, 건포도 효모, 탕종을 넣어 쫄깃하다.

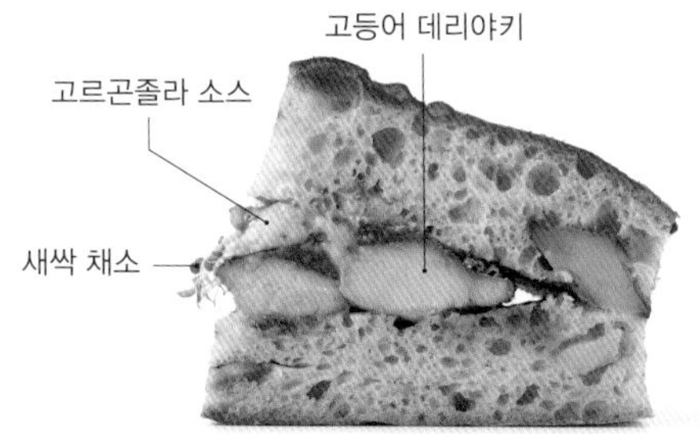

등푸른생선과 치즈, 감자는 프랑스 요리에서 확신의 조합. 여기에 데리야키풍 '소스 자포네'를 더하는 것도 프랑스식이다. 튀긴 감자를 빵에 큼직하게 넣어 포슬포슬한 식감을 더하고, 고르곤졸라 소스는 크림치즈와 사워크림을 넣어 쿰쿰함을 줄였다.

INGREDIENT

남작 감자 포카치아 …… 1개
고등어 데리야키*1 …… 100g
고르곤졸라 소스*2 …… 25g
새싹 채소 …… 적당량

***1 고등어 데리야키**

고등어 필레에 소금을 뿌려 10분간 두고, 물기를 닦아낸다. 프라이팬에 샐러드유를 둘러 달구고, 고등어의 껍질이 아래로 가게 넣어 노릇하게 굽는다. 데리야키 소스(간장 8큰술, 청주 8큰술, 미림 6큰술, 설탕 8큰술을 섞는다)를 적당량 넣어 묻힌다. 프라이팬에 남은 양념은 따로 보관한다.

***2 고르곤졸라 소스**

고르곤졸라 치즈, 크림치즈, 사워크림을 같은 비율로 넣고, 소금과 보관해둔 고등어 데리야키 소스를 적당량 넣고 섞는다.

HOW TO MAKE

1 빵에 가로로 칼집을 내고, 고등어 데리야키를 올린다.

2 고르곤졸라 소스를 끼얹고, 새싹 채소를 올린다.

팽 가라토 블랑제리 카페

오렌지 고등어 샌드위치

사용하는 빵

토마토 로즈메리 포카치아

기본 포카치아 반죽을 오븐 팬에 펼쳐 손끝으로 구멍을 내고, 반건조 토마토를 흩뿌려 구운 빵. 토마토는 신선한 로즈메리, 말린 오레가노, 얇게 썬 마늘을 넣은 엑스트라 버진 올리브유에 1~3일간 담근 것.

커피에 어울리는 샌드위치를 테마로 고안했다. 캔 고등어로 만든 조림에 시트러스 소스를 섞고, 말레이시아산 흑후추를 넣어 풍부한 향을 냈다. '샌드위치도 요리와 같아서 첫입이 주는 인상이 중요'하다고 생각해, 빵과 모든 재료가 한 번에 입에 들어가는 삼각형 모양을 고수한다.

INGREDIENT

토마토 로즈메리 포카치아 (삼각형으로 자른 것) …… 1개
머스터드 버터(시판품) …… 6g
고등어 리예트*1 …… 45g
라타투이*2 …… 70g
잣(구운 것) …… 2g
로즈메리 …… 1줄기

***1 고등어 리예트**

오렌지주스(70g)와 레몬즙(10g)을 졸인다(A). 화이트 와인과 화이트 와인 비니거를 냄비에 담아 불에 올리고, 끓으면 가시를 제거한 고등어(캔 고등어 10개 분량)를 넣는다. 물기가 사라지면 소금(10g), 큐민(20g), 코리앤더(10g), 흑후추(5g), 올리브유(75g)를 넣어 맛을 내고, 마무리로 A를 넣는다.

***2 라타투이**

가지(3개), 감자(3개), 빨강 · 노랑 파프리카(2개씩), 주키니(3개), 양파(4개)를 사방 2㎝로 깍둑썬다. 깊은 냄비에 올리브유를 두르고, 불에 올려 양파를 볶는다. 익으면 다른 채소를 넣고 강불로 올린다. 토마토 쿨리(토마토를 갈아서 체에 거른 것, 3㎏)를 넣어 섞고, 소금(15g)과 백후추(10g)를 넣는다. 중불로 낮추고 한소끔 끓으면 약불로 줄여 수분을 날린다.

HOW TO MAKE

1 빵에 가로로 칼집을 낸 다음, 아랫면에 머스터드 버터를 바른다.

2 고등어 리예트를 바르고, 그 위에 라타투이를 올린다. 잣을 흩뿌리고, 빵 위에 로즈메리로 장식한다.

33(산주산)

다시마 초절임 고등어 푸알레

다시마에 절인 고등어를 오븐에서 폭신하게 구워 푸알레를 만들었다. 적양배추 마리네, 잎새버섯 마리네, 그릭 요구르트와 생크림에 버무린 감자 퓌레, 새싹 채소를 촉촉한 식감의 팽 드 로데브 속에 넣었다. 마무리로 흩뿌린 피스타치오의 바삭한 식감으로 씹는 재미를 더했다.

사용하는 빵
호두 로데브

기타노카오리와 맷돌로 간 규슈산 밀가루에 수제 건포도 액종, 호프종, 르뱅종을 배합했다. 가수율 115% 로데브 반죽에 밀가루 대비 30%의 호두를 넣어 반죽해 촉촉하고 가벼운 식감을 낸 샌드위치용 빵.

INGREDIENT

호두 로데브 …… 1개
적양배추 마리네*1 …… 5~10g
다시마 초절임 고등어 푸알레*2 …… 1조각
버섯 마리네*3 …… 15~20g
감자 퓌레*4 …… 45g
브로콜리 새싹 …… 적당량
피스타치오 조각 …… 적당량

***1 적양배추 마리네**

적양배추(200g)를 잘게 채 썰어 소금(3g)을 넣고 주무른다. 마리네액(식초 45g, 엑스트라 버진 올리브유 45g, 그래뉴당 15g, 소금, 후추 적당량씩을 섞은 것)에 하룻밤 동안 절인다.

***2 다시마 초절임 고등어 푸알레**

다시마 초절임 고등어(시판품) …… 15조각
버터 …… 250g
올리브유 …… 50g

1 다시마 초절임 고등어(1조각 약 8×5㎝)를 오븐 팬에 늘어놓고, 윗불 240℃, 아랫불 250℃ 오븐에 15분간 굽는다.
2 달군 프라이팬에 버터와 올리브유를 녹이고, 1을 넣어 묻힌다.

***3 버섯 마리네**

잎새버섯 …… 500g
소금 …… 적당량
블랙 올리브 …… 60g
베이컨 …… 100g
엑스트라 버진 올리브유 …… 적당량
셰리 비니거 …… 30g
간장 …… 30g
미림 …… 30g
치킨스톡(과립) …… 7.5g
흑후추 …… 적당량

1 잎새버섯은 대강 썰고, 소금을 살짝 뿌린다. 블랙 올리브와 베이컨은 잘게 다진다.
2 올리브유와 베이컨을 프라이팬에 넣고 중불로 가열한다. 베이컨이 바삭해지면 잎새버섯을 넣는다. 잎새버섯이 노릇해지면 블랙 올리브를 넣고 볶는다.
3 셰리 비니거, 간장, 미림, 치킨스톡을 넣어 섞고, 흑후추를 뿌린다.

***4 감자 퓌레**

감자 …… 300g
콩소메(과립) …… 적당량
그릭 요구르트 …… 130g
소금 …… 10g
흑후추 …… 적당량
생크림 …… 150g
라임즙 …… 약간
딜 …… 적당량

1 감자는 껍질을 벗기고 대강 썬다. 콩소메를 넣은 끓는 물에 감자가 부드러워질 때까지 삶는다. 블렌더에 갈아서 페이스트로 만든다.
2 그릭 요구르트에 소금, 흑후추를 넣고 섞는다. 생크림을 넣고 균일하게 섞는다.
3 2에 라임즙과 다진 딜을 넣고 섞는다.
4 1과 3을 합해 균일하게 섞는다.

HOW TO MAKE

1 빵에 칼집을 내고, 적양배추 마리네, 다시마 초절임 고등어 푸알레 순으로 넣는다.

2 버섯 마리네를 올리고, 감자 퓌레를 그 위에 올린다.

3 브로콜리 새싹을 올리고, 피스타치오 조각을 뿌린다.

샤포 드 파이유

새우와 아보카도, 달걀 오로라 소스

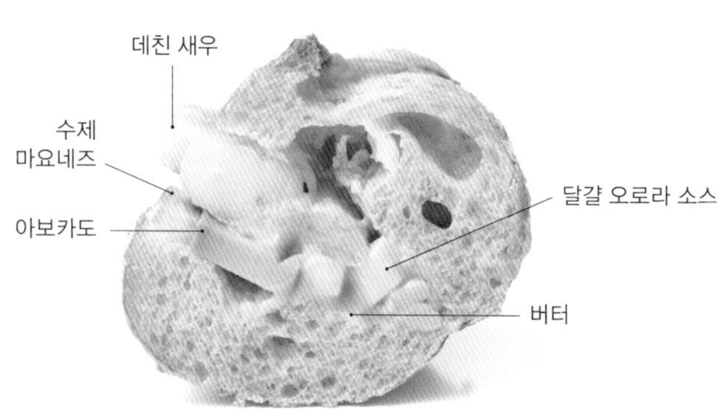

'아보카도를 활용한 샌드위치'가 발상의 원점이지만, 주인공은 달걀을 듬뿍 넣은 오로라 소스. 포슬포슬한 달걀의 감칠맛과 케첩의 단맛이 탱글탱글한 새우와 부드러운 아보카도의 풍미와 어우러진다. 새우는 보기에도 모양이 일정하고 먹기 편한 3㎝ 크기의 흰다리새우를 사용한다.

사용하는 빵

바게트

반죽에 참기름을 넣어 고소함을 더하고, 씹는 맛이 좋게 만든 바게트. 저온에서 장시간 발효해 크럼이 쫄깃하다. 210℃에서 21분간 구워 크러스트는 얇고 바삭하다.

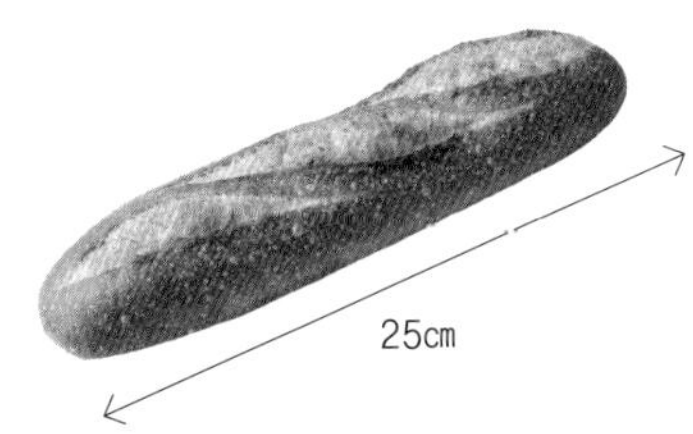

INGREDIENT

바게트 …… 1개
버터 …… 13g
아보카도
…… 1/4개보다 조금 적게
레몬즙 …… 적당량
수제 마요네즈(59쪽 참조)
…… 10g
데친 새우*1 …… 6마리
달걀 오로라 소스*2 …… 63g

***1 데친 새우**
냉동 새우살을 소금물에 재빨리 데치고, 얼음물에 담갔다가 물기를 뺀다.

***2 달걀 오로라 소스**
슬라이서에 놓고 가로세로로 자른 삶은 달걀(15개 분량)과 마요네즈(300g), 케첩(150g)을 섞는다.

버터는 구석구석까지 충분히 바른다

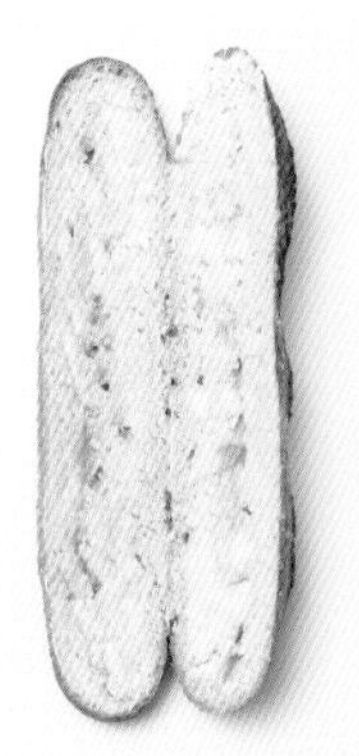

1 빵의 위아래가 거의 균등하게 가로로 칼집을 낸다. 자른 곳을 벌리고, 포마드 형태의 버터를 모든 단면에 바른다.

마요네즈로 아보카도와 새우를 접착시킨다

3 수제 마요네즈를 가운데에 한 줄 선을 그리듯이 짜고, 데친 새우를 아보카도 위에 늘어놓는다.

아보카도는 적당한 두께로 썬다

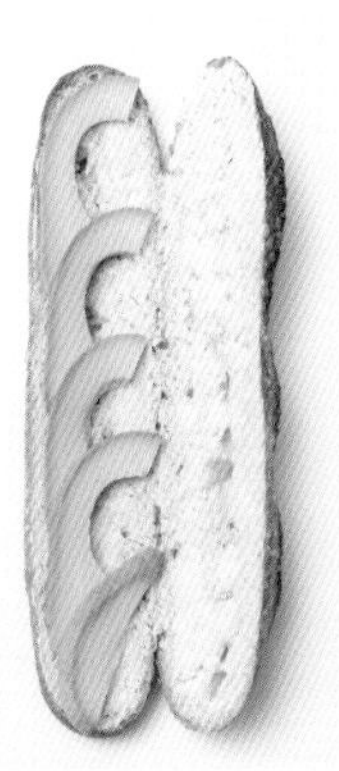

2 아보카도는 3㎜ 두께로 썰고, 레몬즙을 솔로 발라서 빵 위에 늘어놓는다.

달걀의 존재감이 드러나는 소스가 포인트

4 달걀 오로라 소스를 단면 안쪽에 올린다. 포슬포슬한 달걀의 감칠맛이 느껴지는 매끈한 소스는 탱글탱글한 새우의 식감, 부드러운 아보카도의 풍미와 잘 어울린다.

다카노 팽

새우 고수 샌드위치

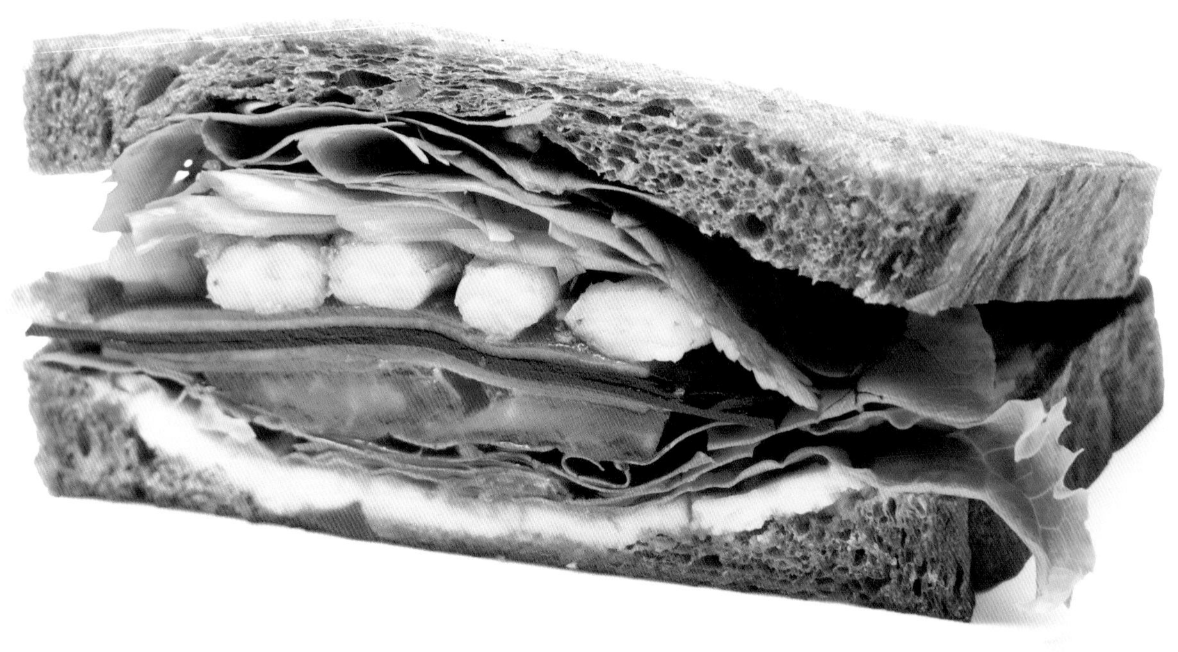

잡곡 식빵에 크림치즈를 바르고, 생채상추, 토마토, 당근, 자숙 새우를 넣었다. 스위트 칠리 소스를 끼얹고, 고수를 듬뿍 넣어 이국적인 느낌이 난다. 당근은 필러로 얇게 썰고 소금에 살짝 절인다. 고수는 씹는 맛을 즐기도록 줄기와 잎을 나눠서 담는다.

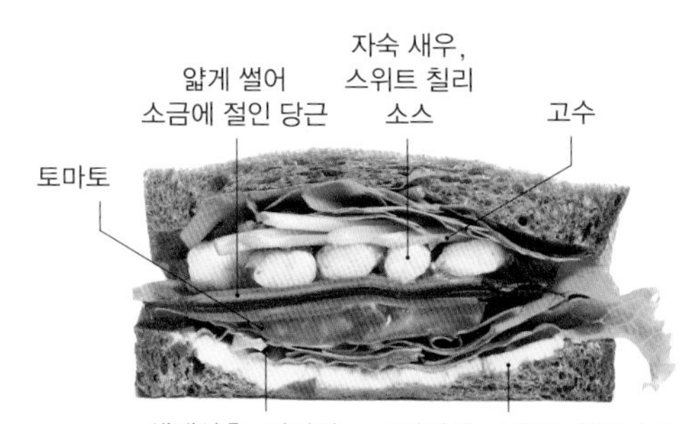

사용하는 빵

동메달 식빵 (볶은 곡물)

깔끔한 맛의 강력분을 토대로 보리 맥아, 대두, 귀리, 해바라기씨 등을 볶아 만든 멀티 그레인 파우더를 20% 배합한다. 잡곡의 묵직한 맛과 톡톡 터지는 식감이 샌드위치 맛에 깊이를 더한다.

INGREDIENT

동메달 식빵(볶은 곡물)(1.4㎝ 두께로 썬 것) …… 2장
크림치즈 …… 30g
스위트 칠리 소스 A …… 10g
생채상추, 어린잎 …… 합계 8g
토마토(22쪽 참조) …… 2조각
마요네즈 …… 8g
얇게 썰어 소금에 절인 당근*1 …… 6조각
자숙 새우(냉동)*2 …… 4마리
스위트 칠리 소스 B …… 5g
고수 …… 7g

***1 얇게 썰어 소금에 절인 당근**

과일 당근*(오렌지색, 보라색) …… 2개(약 200g)
소금(당근 중량의 1%) …… 2g

1 과일 당근의 껍질을 벗기고 3등분으로 자른다. 필러로 두께 1㎜, 폭 2㎝, 길이 6㎝ 정도로 썰어 물에 담근다.
2 건져내서 소금을 넣고 주무른다. 체에 밭쳐서 2시간 정도 물기를 뺀다.

* 일반 당근보다 길쭉하고 당근 특유의 맛이 적으며 단맛이 강하다.

***2 자숙 새우**

냉동 자숙 새우를 냉장실에서 하룻밤 동안 해동시킨다. 체에 밭쳐서 물기를 빼고, 키친타월로 물기를 닦아낸다.

치즈와 소스를 가운데에 펴 바른다

1 10℃에 하룻밤, 실온에 10분 정도 두어 부드럽게 만든 크림치즈를 빵 1장의 가운데에 놓고, 빵을 찌그러뜨리지 않게 조심하며 사방으로 펴 바른다. 그다음 스위트 칠리 소스 A를 가운데에 뿌리고, 크림치즈 위에 펴 바른다.

마요네즈는 양 끝에 떨어뜨려서 짠다

2 생채상추와 어린잎을 가운데에 높이 쌓는다. 토마토를 가운데에 놓고, 양 끝에 마요네즈를 빙빙 돌리며 짠다. 이때, 당근과 새우에 마요네즈가 묻지 않게 좌우로 떨어진 위치에 짜는 것이 포인트.

스위트 칠리 소스를 끼얹어 풍미를 높인다

3 얇게 썰어 소금에 절인 당근을 가운데에 겹쳐 놓고, 자숙 새우를 같은 방향으로 올린다. 새우 위에 스위트 칠리 소스 B를 끼얹는다. 스위트 칠리 소스를 두 군데에 나눠서 끼얹으면 베어 먹을 때 신맛과 매운맛, 단맛이 균형 있게 퍼진다.

고수 줄기로 식감에 변화를 준다

4 고수를 줄기와 잎을 나눠서 줄기, 잎 순으로 올린다. 줄기를 하나로 모아서 올리면 아삭한 식감을 살릴 수 있다. 남은 빵 1장을 덮고, 그 위에 도마를 올린다. 30분 정도 두어 재료가 고정되면 반으로 자른다.

더 루츠 네이버후드 베이커리

새우 반미

12㎝

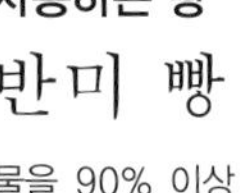

사용하는 빵

반미 빵

물을 90% 이상 배합하고, 뜨거운 물로 익힌 쌀가루와 돼지 지방을 넣어 촉촉하고 부드러우며 베어 먹기 좋게 만든 샌드위치 전용 프랑스 빵. 둥그스름한 피셀 모양으로 성형했다. '새우 반미' 외에 '명란 바게트'에도 사용한다.

고수, 스위트 칠리 소스
소금물에 데친 새우
당근 라페
간 페이스트
적상추

간 페이스트를 바르고 재료를 넣은 다음 고수와 스위트 칠리 소스로 마무리하는 바게트 샌드위치는 베트남 특유의 조합. 이곳에서는 베트남 요리인 라이스페이퍼 말이의 단골 재료인 새우를 함께 넣었다. 프랑스 빵 반죽에 뜨거운 물로 익힌 쌀가루와 돼지 지방을 넣어 쫄깃하고 베어 먹기 좋게 만든 전용 바게트도 맛의 포인트.

INGREDIENT

반미 빵 …… 1개
간 페이스트*1 …… 15g
적상추 …… 2장
당근 라페*2 …… 30g
소금물에 데친 새우 …… 3마리
고수 …… 적당량
스위트 칠리 소스(시판품) …… 1큰술

***1 간 페이스트**

닭 간과 염통(1㎏)을 손질하고 물에 씻어서 핏물을 제거한다. 우유에 담가 하룻밤 동안 냉장실에 넣어둔다. 프라이팬에 올리브유를 둘러 중불로 달구고, 다진 양파(400g)를 볶는다. 다른 프라이팬에 올리브유를 둘러 중불로 달구고, 다진 마늘(3쪽 분량), 간, 염통을 넣고 볶는다. 70% 익으면 양파를 넣고 완전히 익을 때까지 볶는다. 브랜디(적당량)를 두르고 불을 붙여 알코올을 날린다. 불에서 내려 한 김 식히고, 푸드프로세서에 갈아 페이스트를 만든다. 가염 버터(페이스트 중량의 5%)를 넣어 더 갈고, 소금으로 간을 한다.

***2 당근 라페**

당근(5개)의 껍질을 벗기고, 필러로 얇게 썬다. 소금(적당량)을 뿌려서 잠시 둔다. 화이트 와인 비니거(100㎖), 소금(2자밤), 그래뉴당(30g), 디종 머스터드(30g)를 잘 섞는다. 올리브유(150g)를 조금씩 넣으며 섞어서 유화시켜 드레싱을 만든다. 당근의 물기를 가볍게 빼고, 드레싱에 버무린다. 하룻밤 동안 냉장실에 넣어 절인다.

HOW TO MAKE

1. 빵에 가로로 칼집을 낸다. 아랫면에 간 페이스트를 바르고, 적상추를 올린다.
2. 당근 라페를 올리고, 소금물에 데친 새우를 늘어놓는다.
3. 고수를 토핑하고, 스위트 칠리 소스를 끼얹는다.

더 루츠 네이버후드 베이커리

갈릭 슈림프

13㎝

사용하는 빵

피셀

바게트와 동일한 프랑스 빵 반죽을 사용한다. 전립분과 고회분 밀가루를 배합해 밀가루의 맛이 더욱 깊다. '갈릭 슈림프'와 샌드위치용으로 작게 성형한다.

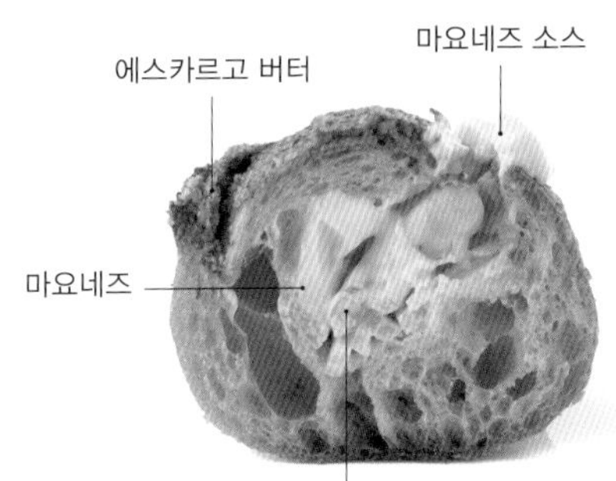

파슬리와 마늘을 듬뿍 넣은 에스카르고 버터에 새우를 조합해 모양새도 맛도 인상적인 진화형 마늘 바게트. 에스카르고 버터*는 굽는 동안 흘러내리지 않도록 아몬드 가루를 넣는다. 포슬포슬한 질감도 식욕을 돋운다.

* 프랑스 부르고뉴 지방에서 에스카르고 요리에 주로 사용하는 양념 버터.

INGREDIENT

피셀 …… 1개
마요네즈 소스*1 …… 20g
소금물에 데친 새우 …… 3마리
마요네즈 …… 15g
에스카르고 버터*2 …… 10g

***1 마요네즈 소스**

마요네즈(500g)에 다진 양파(300g)를 넣고 섞는다.

***2 에스카르고 버터**

파슬리 …… 150g
마늘 …… 50g
양파 …… 100g
가염 버터 …… 450g
백후추 …… 적당량
홀그레인 머스터드 …… 100g
아몬드 가루 …… 100g

1 파슬리, 마늘, 양파를 푸드프로세서에 갈아 페이스트로 만든다.
2 포마드 형태의 버터와 백후추를 볼에 넣는다. 1을 4번에 나누어 넣고, 넣을 때마다 잘 섞는다.
3 홀그레인 머스터드와 아몬드 가루를 넣고 고루 섞는다.

HOW TO MAKE

1 빵에 가로로 칼집을 낸 다음, 아랫면에 마요네즈 소스를 바른다.

2 소금물에 데친 새우를 가로 일렬로 늘어놓는다.

3 윗면에 마요네즈를 바른다.

4 빵 겉면에 에스카르고 버터를 바르고, 230℃ 오븐에 7분간 굽는다.

베이크하우스 옐로나이프

마요네즈 새우 샌드위치

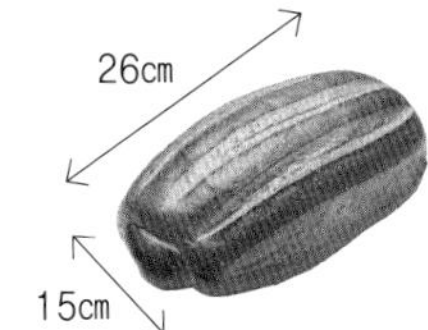

사용하는 빵

팽 오 레

소금과 설탕을 넣고, 물 대신 우유 100%로 반죽해 심플한 배합의 팽 오 레. 폭신하고 부드러우며 은은한 단맛이 나서 매콤한 재료와도 잘 어울린다.

마요네즈
당근 라페, 아스파라거스, 적양배추 샐러드
마요네즈 새우, 달걀말이
적상추

오렌지색, 보라색, 노란색, 녹색이 다채로운 샌드위치. 메인 재료는 튀김옷을 입혀 튀긴 새우를 스위트 칠리 소스에 버무린 '마요네즈 새우'. 마요네즈는 양을 줄이고, 당근 라페와 적양배추 샐러드를 섞은 채소는 소금과 오일로 아주 심플하게 맛을 내서 주인공인 마요네즈 새우를 돋보이게 한다.

INGREDIENT

팽 오 레(2㎝ 두께로 자른 것) …… 2장
마요네즈 …… 3.5g
달걀말이(35쪽 참조) …… 2조각
적상추 …… 10g
마요네즈 새우*1 …… 2개
당근 라페*2 …… 50g
아스파라거스*3 …… 1대
적양배추 샐러드*4 …… 10g

***1 마요네즈 새우**
흰다리새우의 껍질을 벗기고 해물튀김과 같은 방식으로 5~6마리씩 뭉쳐서 튀김옷(박력분 500g, 베이킹파우더 1작은술, 올리브유 3작은술, 물 200g)을 입힌다. 170~180℃ 기름에 2~3분간 튀긴다. 식으면 스위트 칠리 소스(스위트 칠리 소스 4큰술, 마요네즈 2큰술, 우유 1작은술, 그래뉴당 약간)를 고루 묻힌다.

***2 당근 라페**
당근(2개)을 슬라이서로 썰고, 레몬즙(2큰술), 엑스트라 버진 올리브유(2큰술), 소금, 흑후추(적당량씩)에 버무린다.

***3 아스파라거스**
살짝 데쳐서 소금, 흑후추, 엑스트라 버진 올리브유에 버무린다.

***4 적양배추 샐러드**
적양배추를 잘게 채 썰고, 소금, 흑후추, 엑스트라 버진 올리브유, 그래뉴당 약간을 넣고 버무린다.

HOW TO MAKE

1 빵 1장에 마요네즈를 바르고, 달걀말이를 늘어놓는다. 마요네즈 새우와 적상추를 올리고 남은 빵 1장을 덮어서 종이로 감싼다.

2 재료 사이에 당근 라페, 아스파라거스, 적양배추 샐러드를 끼워 넣는다.

비버 브레드

훈제 연어와 아보카도

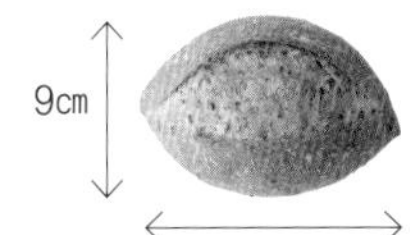

사용하는 빵

세레알

3가지 홋카이도산 밀가루와 맷돌로 간 전립분을 혼합한 바게트 반죽에 포피시드, 아마씨, 참깨를 섞었다. 맛을 뒷받침하는 버터를 넣어 크럼은 촉촉하게, 크러스트는 바삭하고 고소하게 구웠다.

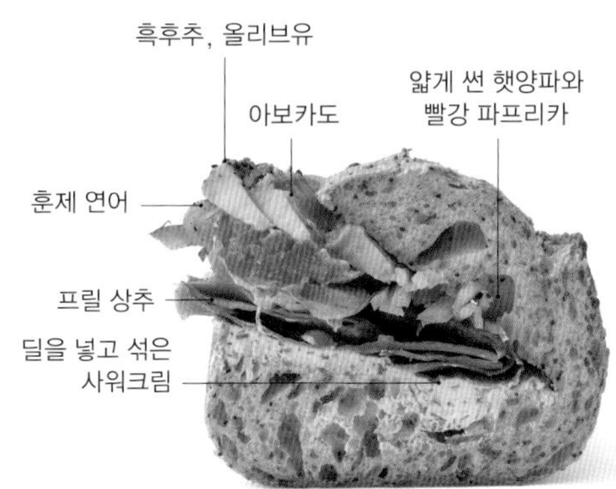

'훈제 연어+아보카도+사워크림'이라는 보편적인 조합에 햇양파와 빨강 파프리카의 단맛과 아삭한 식감, 라임의 상쾌한 풍미를 더했다. 해산물과 궁합이 좋은 시리얼 하드 빵을 사용해 한 개만 먹어도 든든한 포만감을 주는 샌드위치.

INGREDIENT

세레알 …… 1개
사워크림*1 …… 20g
딜*1 …… 적당량
프릴 상추 …… 1장
얇게 썬 햇양파와 빨강 파프리카*2 …… 25g
훈제 연어 …… 35g
아보카도*3 …… 1/6개
라임 껍질과 즙*3 …… 1/6개 분량
흑후추 …… 적당량
올리브유 …… 적당량

***1 사워크림, 딜**

사워크림에 굵게 다진 딜을 넣고 섞는다.

***2 얇게 썬 햇양파와 빨강 파프리카**

1 햇양파는 껍질을 벗기고 얇게 썰어 물에 담갔다가 건져서 물기를 뺀다. 빨강 파프리카는 꼭지와 속을 제거하고 잘게 채 썬다.
2 햇양파와 빨강 파프리카를 함께 균일하게 섞는다.

***3 아보카도, 라임 껍질과 즙**

1 아보카도는 3조각(두께 약 3㎜)으로 썬다.
2 라임즙을 짜고, 라임 껍질을 강판에 간다.

HOW TO MAKE

1 빵에 가로로 칼집을 내고, 아랫면에 딜을 섞은 사워크림을 바른다.

2 프릴 상추를 깔고, 얇게 썬 햇양파와 빨강 파프리카를 올린다.

3 훈제 연어를 늘어놓고, 아보카도를 올린다.

4 흑후추를 갈아서 뿌리고, 올리브유를 끼얹는다.

크래프트 샌드위치

연어 리예트

사용하는 빵

둥근 캄파뉴

밀가루의 풍미를 살린 진한 맛이 특징. 해산물처럼 다소 담백한 재료로 샌드위치를 만들 때 빵의 구수한 맛을 더하는 느낌으로 사용하는 경우가 많다.

연어 리예트는 디종 머스터드와 사워크림, 레몬 껍질을 넣어 풍미 가득한 맛을 냈다. 감자는 포르투갈 요리를 참조로 올리브유, 소금, 파슬리로 맛을 내고, 살캉한 식감을 남기는 것이 포인트. 화이트 와인 비니거와 사탕수수 설탕으로 마리네한 적양배추가 식감과 색의 신선함을 더한다.

INGREDIENT

둥근 캄파뉴 …… 1개
연어 리예트*1 …… 50g
버터 …… 10g
삶은 감자*2 …… 50g
적양배추 마리네(45쪽 참조) …… 30g
양상추 …… 20g

***1 연어 리예트**

연어 조각 …… 1개
A 적양파(다진 것) …… 연어 중량의 5%
사워크림 …… 35%
디종 머스터드 …… 5%
레몬 껍질(간 것) …… 약간
버터 …… 10%
소금(게랑드산) …… 약간

1 끓는 물에 연어를 넣고 약불로 15~20분간 익힌다. 연어를 건져내서 볼에 담고, 가시와 껍질을 제거하고 살을 풀어준다.
2 1에 *A*를 넣고 부드럽게 섞는다. 소금으로 간을 한다.

***2 삶은 감자**

감자(250g)를 껍질째 물에 삶는다. 껍질을 벗기고, 5㎜ 두께로 썬다. 게랑드산 소금(2g), 엑스트라 버진 올리브유(10g), 이탈리안 파슬리(2g)와 함께 볼에 넣고, 감자가 부서지지 않게 섞는다.

HOW TO MAKE

1 빵에 가로로 칼집을 낸다. 아랫면에 연어 리예트를 올리고, 윗면에 버터를 바른다.

2 리예트 위에 삶은 감자와 적양배추 마리네를 올리고, 양상추를 끼워 넣는다.

맛있는 요리 빵 베이커리 하나비

가리비와 훈제 연어 크루아상 롤 샌드위치

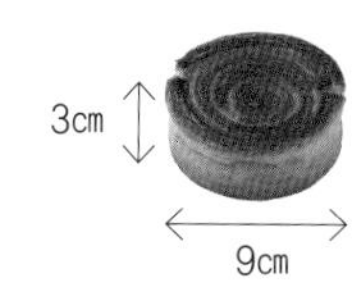

사용하는 빵

크루아상 롤

디저트 재료가 아닌 반찬 재료를 넣는 것을 전제로 해서, 반죽을 너무 달지 않게 만든다. 일본산 버터를 넣어 3절 접기를 3번 한 반죽을 돌돌 말아서 둥글게 자르고, 틀에 넣어 굽는다.

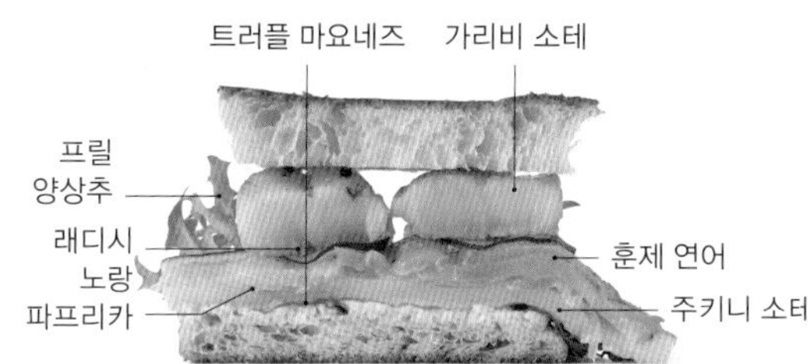

크루아상 롤을 사용해 버거 스타일로 제공하는 독특한 형태의 샌드위치. 가벼운 식감을 위해 해산물을 재료로 썼다. 프랑스 전채 요리에서 이미지를 확장해 여름 채소, 연어, 가리비를 조합했다. 트러플 마요네즈의 깊은 맛과 향을 곁들여 진한 풍미를 더했다.

INGREDIENT

크루아상 롤 …… 1개
트러플 마요네즈*1 …… 10g
프릴 양상추 …… 5g
주키니 소테*2 …… 1조각
노랑 파프리카(채 썬 것) …… 5g
훈제 연어 …… 2조각(15g)
래디시(둥글게 썬 것) …… 2조각
가리비 소테*3 …… 2개

***1 트러플 마요네즈**
마요네즈에 트러플 오일을 넣어 향을 입힌다.

***2 주키니 소테**
주키니는 세로로 얇게 썰고, 마늘 오일*4을 둘러서 달군 프라이팬에 양면을 굽는다.

***3 가리비 소테**
가리비에 소금을 뿌리고, 마늘 오일*4을 둘러서 달군 프라이팬에 굽는다. 양면에 노릇한 색을 낸다.

***4 마늘 오일**
굵게 다진 마늘(5㎏)과 올리브유(3ℓ)를 냄비에 넣어 약불로 40분간 끓이고, 체에 거른다. 남은 마늘은 으깨서 페이스트를 만들어 따로 사용한다.

HOW TO MAKE

1 빵에 가로로 칼을 대고, 위아래를 반으로 자른다. 아래가 되는 빵의 단면에 트러플 마요네즈를 바른다.

2 프릴 양상추를 깔고, 주키니 소테, 노랑 파프리카, 훈제 연어를 올린다.

3 둥글게 썬 래디시, 가리비 소테를 올린다.

팽 가라토 블랑제리 카페

가리비 관자 무스 피카타와 채소를 넣은 누름 샌드위치

샌드위치를 만들어 하룻밤 두었다가, 다음 날에 다시 구워서 제공하는 독특한 메뉴. 하룻밤 두면 채소의 수분이 스며들어서, 다시 구우면 겉은 바삭 고소하고 속은 촉촉하다. 해산물은 달걀흰자로 뭉쳐서 굽는 무스로 만들어, 물기가 배어 나오지 않게 하는 것이 포인트.

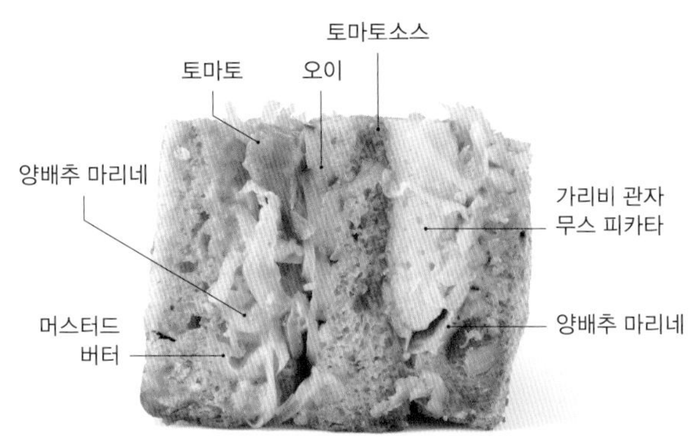

사용하는 빵

시리얼 빵

팽 드 미 반죽에 퀴노아, 검은깨 등을 배합한 혼합 씨앗을 반죽 대비 16%, 흑미 페이스트를 반죽 대비 6% 배합했다. 기본 팽 드 미보다 수분이 덜 스며들어서 이 메뉴에 채택되었다.

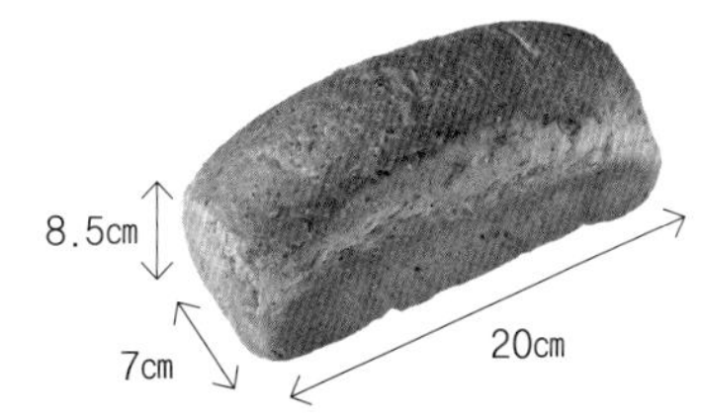

INGREDIENT

시리얼 빵(1㎝ 두께로 자른 것) …… 2장
시리얼 빵(5㎜ 두께로 자른 것) …… 1장
토마토 …… 15g
오이 …… 25g
머스터드 버터(시판품) …… 5g
양배추 마리네*1 …… 60g
토마토소스*2 …… 5g
가리비 관자 무스 피카타*3 …… 25g

***1 양배추 마리네**

채 썬 양배추(250g)를 마요네즈(20g), 소금과 백후추(적당량씩), 다진 케이퍼(7g)에 버무린다.

***2 토마토소스**

토마토 통조림(500g)을 체에 거르고, 소금과 백후추로 간을 한다. 불에 올려서 졸인다.

***3 가리비 관자 무스 피카타**

가리비 관자 …… 1㎏
소금 …… 적당량
백후추 …… 적당량
달걀흰자 …… 30g
생크림(유지방분 47%) …… 500g
A 달걀(푼 것) …… 6개
　치즈 가루 …… 약 100g
　밀가루 …… 20g

1 가리비 관자에 소금, 백후추를 뿌리고, 푸드프로세서로 갈아준다. 어느 정도 매끈해지면 달걀흰자를 넣고 간다. 볼에 옮겨 담고, 생크림을 섞어 농도를 조절한다.
2 1을 짤주머니에 넣고, 종이 포일을 깐 쟁반에 짠다. 90℃의 찜통에서 약 7분간 익힌다. 식혀서 8.5×7㎝로 자른다.
3 다른 볼에 A를 넣고 섞는다. 2를 담가서 묻히고, 약불로 달군 프라이팬에 천천히 굽는다.

HOW TO MAKE

1 토마토는 꼭지를 제거하고 2㎜ 두께로 썬다. 오이는 1개를 3등분으로 잘라서 세로로 0.5㎜ 두께로 썬다.

2 1㎝ 두께의 빵 1장에 머스터드 버터를 바르고, 양배추 마리네 20g을 얇게 펼친다. 1의 토마토를 빵 가운데에 올리고, 다시 양배추 마리네 20g을 얇게 펼친다. 1의 오이를 5조각 늘어놓는다.

3 5㎜ 두께의 빵을 덮고, 윗면에 토마토소스를 고루 바른다. 가리비 관자 무스 피카타를 올리고, 양배추 마리네 20g을 얇게 펼친다.

4 남은 1㎝ 두께의 빵 1장을 3에 덮는다. 샌드위치가 찌그러지지 않고, 속에 넣은 토마토가 가운데에서 벗어나지 않을 정도로 랩으로 단단히 감싼다.

5 4를 배트에 놓고, 그 위에 다른 배트를 누름돌 삼아 올려서 하룻밤 동안 냉장한다.

6 다음 날 랩을 벗겨서 220℃ 오븐에 5분간 굽는다. 반으로 자르고, 단면이 위로 보이게 해서 제공한다.

팽 가라토 블랑제리 카페

대지에 핀 꽃

사장 가라토 야스시 씨가 운영하는 프렌치 레스토랑 '뤼미에르'의 전채 요리를 형상화한 오픈 샌드위치. 빵을 그릇 삼아, 가리비의 감칠맛과 채소의 풍미, 화사한 식용 꽃을 한데 담았다. 채소 퓌레로 점묘하는 가스트로노미(미식) 기술을 구사해 복합적인 맛의 조화를 느낄 수 있는 메뉴.

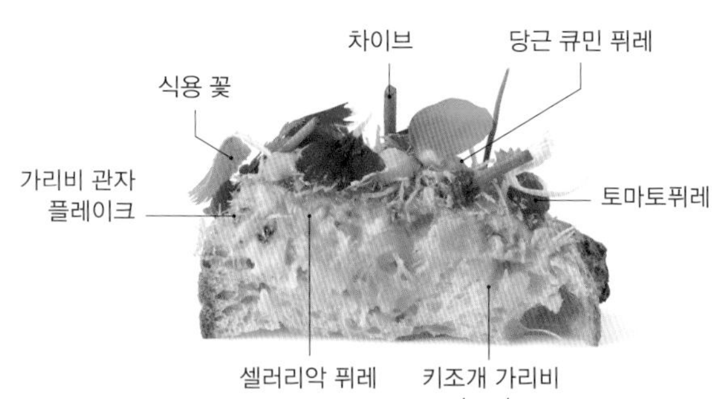

사용하는 빵

캉파뉴

바게트 반죽 배합에 4~5%의 호밀 전립분과 르뱅 리퀴드를 넣고, 레스펙투스 파니스 제법으로 만들었다. 산미를 줄이고, 풍미를 높였다.

INGREDIENT

캉파뉴(2㎝ 두께로 썬 것) …… 1장
키조개 가리비 타르타르*1 …… 40g
셀러리악 퓌레*2 …… 10g
가리비 관자 플레이크*3 …… 4g
당근 큐민 퓌레*4 …… 3g
토마토퓌레*5 …… 3g
식용 꽃 …… 적당량
차이브 …… 적당량

***1 키조개 가리비 타르타르**

가리비 …… 4개
키조개 …… 1/2개
북방대합 …… 1/4개
가리비 끈(외투막) …… 4개 분량
북방대합 끈 …… 1개 분량
어니언 드레싱(15쪽 참조) …… 40g
소금 …… 적당량
타라곤 …… 2줄기

1 가리비는 껍질에서 관자를 분리해 포도씨유(분량 외, 적당량)와 함께 진공 팩에 넣고 40℃ 오븐에 15분간 찐다. 키조개는 껍질에서 분리해 손질하고, 85℃의 뜨거운 물에 데쳐서 급랭한 다음, 물기를 닦아낸다. 각각 사방 7㎜로 깍둑썬다.
2 올리브유(분량 외)를 둘러 달군 프라이팬에 북방대합, 북방대합 끈, 가리비 끈을 굽는다. 어니언 드레싱을 조금 넣어 팬에 눌어붙은 것을 긁어낸다. 핸드 믹서로 갈아서 분쇄한다.
3 볼에 1과 2를 함께 넣고, 소금과 남은 어니언 드레싱, 다진 타라곤으로 맛을 낸다.

***2 셀러리악 퓌레**

셀러리악 …… 100g
양파 …… 20g
감자 …… 10g
올리브유 …… 10㎖
레몬즙 …… 10㎖
소금 …… 적당량

1 셀러리악의 껍질을 벗기고 1㎝ 폭으로 썬다. 포도씨유(분량 외, 적당량)와 함께 진공 팩에 넣고, 100℃ 오븐에 15분간 찐다.
2 양파를 얇게 썰어 올리브유(분량 외, 적당량)와 약불로 볶는다. 숨이 죽으면 1을 넣고 볶는다. 얇게 썬 감자를 넣어서 볶고, 익으면 믹서로 모든 재료를 갈아서 급랭한다.
3 올리브유와 레몬즙, 소금으로 간을 한다.

***3 가리비 관자 플레이크**

식품 건조기에 말린 가리비 관자(80g)와 소송채 잎(5장 분량)을 함께 믹서에 넣고 잘게 부순다.

***4 당근 큐민 퓌레**

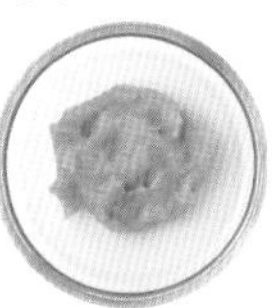

당근(1개)의 껍질을 벗기고, 4등분으로 자른다. 100℃ 오븐에 20분간 찌고, 믹서에 갈아서 급랭한다. 포도씨유(적당량)를 넣어 유화시키고, 소금과 큐민(적당량씩)으로 간을 한다.

***5 토마토퓌레**

양파 …… 20g
토마토 …… 2개
소금 …… 적당량
포도씨유 …… 적당량

1 다진 양파를 볶다가 대강 썬 토마토를 넣고 조린다.
2 1을 믹서에 갈아서 급랭한다. 소금, 포도씨유로 간을 한다.

손끝으로 잡는 부분을 남기고 재료를 올린다

1 빵을 살짝 굽는다. 손님이 손끝으로 잡는 부분을 고려해 빵의 1/3을 남기고, 키조개 가리비 타르타르를 담는다. 그 위에 짤주머니에 담은 셀러리악 퓌레를 짠다.

가리비 플레이크로 아름다운 인상을 남긴다

2 이끼가 연상되는 가리비 관자 플레이크를 셀러리악 퓌레가 가려질 만큼 깔아준다. 당근 큐민 퓌레, 토마토퓌레를 점묘한다. 프록스, 패랭이꽃, 시네라리아 등의 식용 꽃과 차이브로 장식한다.

맛있는 요리 빵 베이커리 하나비

듬뿍 올린 치어, 주키니, 페페론치노 오픈 샌드위치

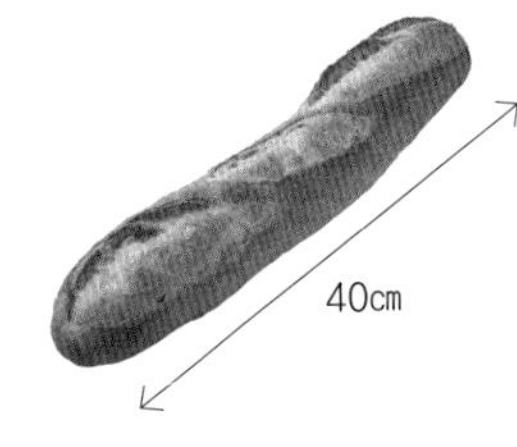

사용하는 빵

바타르

바게트(60쪽 참조)와 반죽은 같지만, 바타르는 잘랐을 때 표면적이 크고, 크럼이 더 쫄깃해서 주로 오픈 샌드위치에 활용한다.

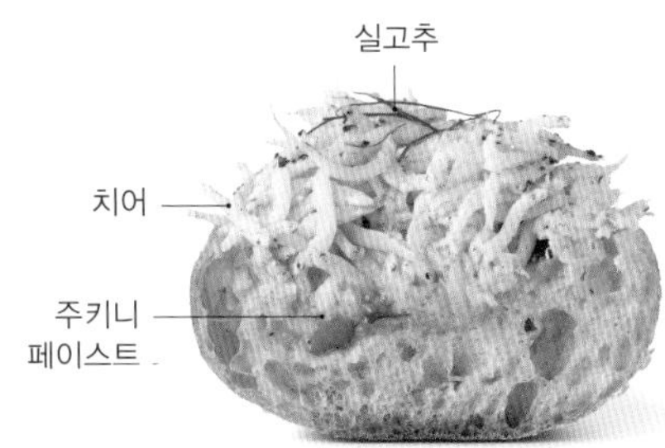

이탈리아에서 빵에 발라 먹는 주키니 페이스트에서 힌트를 얻어, 와인과 함께 즐기는 어른의 샌드위치를 개발했다. 소스는 단순하게 주키니와 마늘 오일, 소금, 치즈 가루. 마늘 오일에 버무린 치어를 듬뿍 올려서 대접받는 느낌을 더했다.

INGREDIENT

바타르(16㎝ 폭으로 자른 것) …… 1/2개
주키니 페이스트*1 …… 50g
치어 …… 50g
마늘 오일(115쪽 참조) …… 적당량
흑후추 …… 적당량
실고추 …… 적당량

***1 주키니 페이스트**

마늘 오일(115쪽 참조) …… 50㎖
주키니 …… 2개
소금 …… 적당량
치즈 가루 …… 2큰술

1 프라이팬에 마늘 오일을 두르고, 적당한 크기로 썬 주키니를 넣어 약불로 30분간 볶는다.
2 소금, 치즈 가루로 간을 한다.

HOW TO MAKE

1 빵의 단면에 주키니 페이스트를 바른다.
2 치어에 마늘 오일과 흑후추를 넣고 버무려 1에 올린다.
3 실고추로 장식한다.

맛있는 요리 빵 베이커리 하나비

점보 양송이와 굴 크림소스 오픈 샌드위치

사용하는 빵

바타르

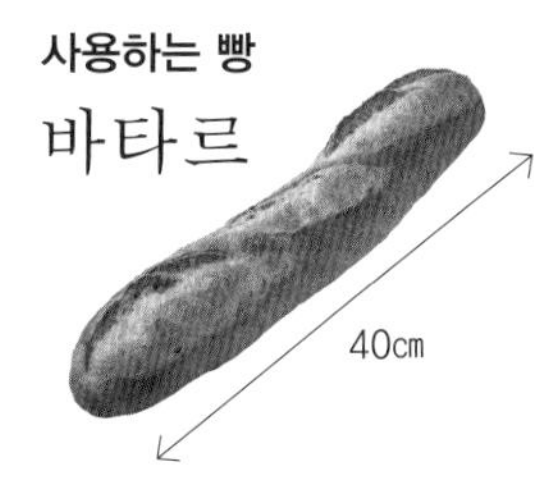

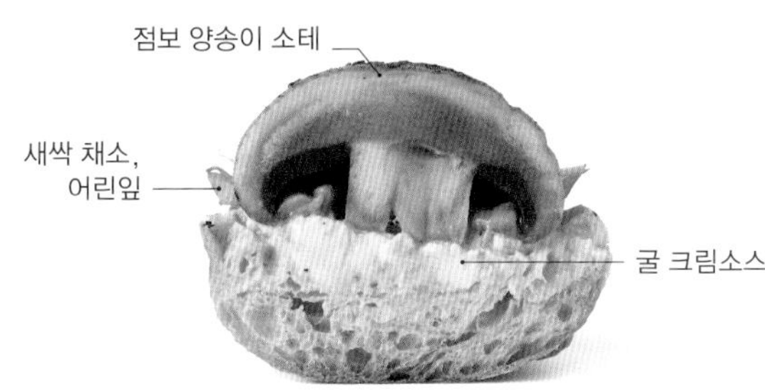

마늘 오일로 구운 점보 양송이가 주인공. 빵에 바른 굴 크림소스는 굴을 으깨며 볶아 향을 내고, 생크림과 크림치즈로 걸쭉하게 만든다. 굴의 감칠맛과 두툼한 양송이의 진한 향이 입안 가득 퍼진다.

INGREDIENT

바타르(16㎝ 폭으로 자른 것) …… 1/2개
굴 크림소스*1 …… 50g
점보 양송이 소테*2 …… 1개
어린잎 …… 적당량
새싹 채소(브로콜리 새싹, 적양배추 새싹) …… 적당량
흑후추 …… 적당량

***1 굴 크림소스**

마늘 오일(115쪽 참조) …… 적당량
굴(가열용) …… 1㎏
양파(다진 것) …… 1개 분량
생크림(유지방분 42%) …… 200㎖
크림치즈 …… 500g
간 마늘 …… 1큰술

1 프라이팬에 마늘 오일을 둘러 달구고, 굴과 다진 양파를 넣어 굴을 으깨면서 볶는다.
2 생크림, 크림치즈, 간 마늘을 넣은 다음, 크림치즈를 녹이면서 저어준다.

***2 점보 양송이 소테**

마늘 오일을 두른 프라이팬에 양송이의 갓 부분을 노릇하게 굽다가, 뚜껑을 덮고 3~4분 동안 약불로 익힌다.

HOW TO MAKE

1 빵의 단면에 굴 크림소스를 바른다.

2 점보 양송이 소테를 가운데에 올리고, 어린잎과 새싹 채소를 주위에 장식한다. 흑후추를 뿌린다.

33(산주산)

굴 & 풋콩 소스 & 바질

프랑스 요리 재료의 조합에서 힌트를 얻어 고안했다. 굴 콩피에 향이 풍부한 바질 소스와 밀키한 풋콩 소스를 더하고, 바삭하게 구운 베이컨, 오븐에 익힌 감자와 아스파라거스를 곁들여 식감에 변화를 주었다. 재료의 풍미를 살리기 위해 빵은 무난한 하드 계열을 선택했다.

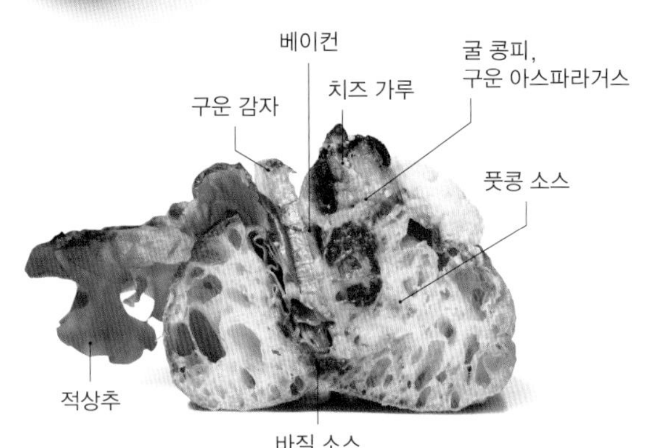

사용하는 빵

피셀

겉은 바삭하고 속은 촉촉해서 씹는 맛이 좋은 샌드위치 전용 빵이다. 홋카이도산 준강력분을 사용한 바게트 반죽을 13~18℃에서 하룻밤 발효한 후, 200g으로 분할한다. 충분히 발효해 폭신하고 가벼운 식감이 니게 굽는다. 반으로 잘라 사용한다.

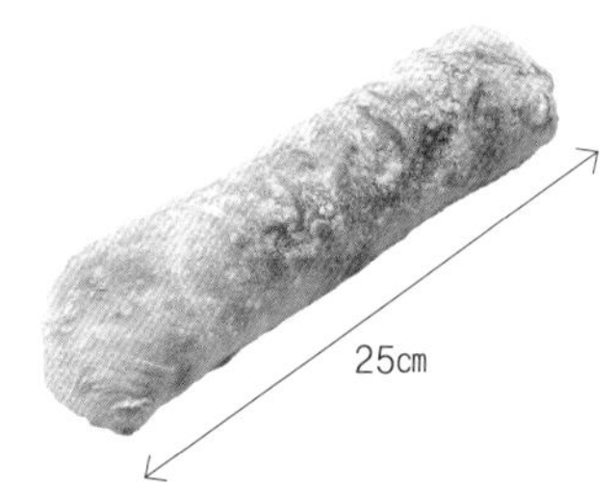

INGREDIENT

피셀 …… 1/2개
바질 소스*1 …… 20~25g
적상추 …… 1장
건염 베이컨*2 …… 1장(약 10g)
굴 콩피*3 …… 4개
구운 감자*4 …… 2조각
풋콩 소스*5 …… 20~25g
구운 아스파라거스*6 …… 1대
치즈 가루 …… 적당량

***1 바질 소스**

바질 …… 약 60g
마늘 …… 1쪽
엑스트라 버진 올리브유 …… 적당량
치즈 가루 …… 25g
소금 …… 5~6g

1 소금 이외의 재료를 모두 블렌더로 갈아서 페이스트를 만든다.
2 소금을 넣어 간을 한다.

***2 건염 베이컨**

윗불 240℃, 아랫불 250℃ 오븐에 4~5분간 굽는다.

***3 굴 콩피**

히로시마산 냉동 굴 …… 1㎏
쌀기름 …… 적당량

굴이 잠길 정도로 쌀기름을 붓고, 중불에서 8~10분간 가열한다.

***4 구운 감자**

감자를 껍질째 5㎜ 두께로 썬다. 올리브유와 소금을 뿌리고, 윗불 240℃, 아랫불 250℃ 오븐에 8분간 굽는다.

***5 풋콩 소스**

베샤멜 소스*7 …… 300g
풋콩 페이스트*8 …… 150g

베샤멜 소스에 풋콩 페이스트를 섞는다.

***6 구운 아스파라거스**

오븐 팬에 늘어놓고 올리브유와 소금을 뿌려서 윗불 240℃, 아랫불 250℃ 오븐에 6분간 굽는다.

***7 베샤멜 소스**

버터 …… 100g
박력분 …… 80g
우유 …… 1㎏
소고기 조미료(한국산 '다시다') …… 20g
슈레드 치즈 …… 130g
고르곤졸라 치즈 …… 20~25g

1 냄비에 버터를 넣고 중불로 녹인다. 박력분, 우유, 소고기 조미료를 넣고 저으면서 가열한다.
2 슈레드 치즈와 고르곤졸라 치즈를 넣어 섞고, 걸쭉해지면 불을 끈다.

***8 풋콩 페이스트**

풋콩(깍지에서 뺀 것) …… 200g
콩소메(과립) …… 4g

1 콩소메를 넣고 끓인 물에 풋콩을 삶는다.
2 물기를 빼고, 블렌드로 갈아서 페이스트를 만든다.

향이 풍부한 수제 바질 소스를 듬뿍

1 빵 위에 칼집을 내고, 단면 전체에 바질 소스를 바른다. 적상추를 깔고, 건염 베이컨을 세로로 길게 올린다. 건염 베이컨은 오븐에서 바삭하게 구워 짭짤한 감칠맛과 쫄깃한 식감을 더한다.

굴과 감자를 균형 있게 겹쳐 올린다

2 탱글한 식감의 굴 콩피를 4개 늘어놓고, 구운 감자를 균형 있게 끼워 넣는다. 풋콩 소스를 세로로 길게 한 줄 짜고, 토치로 굴과 소스를 그을린다.

바삭하게 구운 아스파라거스로 식감에 재미를

3 구운 아스파라거스를 올리고, 치즈 가루를 재료 위에 뿌려 마무리한다. 아스파라거스는 올리브유를 뿌려서 오븐에 바삭하게 구워 식감에 재미를 준다.

블랑 아 라 메종

굴 마파

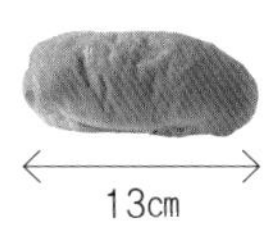

사용하는 빵

시만토 생강과 네팔 산초 곳페빵

구마모토산 미나미노카오리와 홋카이도산 유메키라리를 같은 비율로 배합하고, 사탕수수 설탕과 분유로 감칠맛을 더했다. 고치현 시만토산 생강 가루와 부순 티무트 후추(네팔산 산초)를 넣어 청량한 향과 자극적인 매콤한 향이 느껴지는 빵.

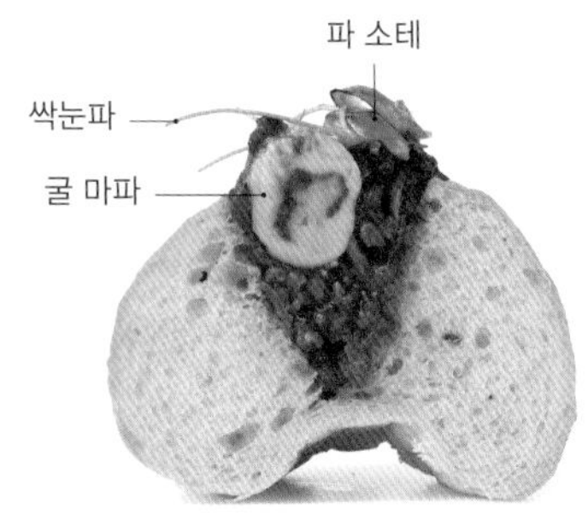

굴이 중화풍의 맛에 잘 어울린다는 점에서 착안했다. 춘장과 두반장, 굴소스로 마파두부풍 소스를 만들고, 굴을 더해 전분물로 걸쭉하게 완성한다. 이를 산초 향이 나는 곳페빵 속에 넣는다. 재료에 수분이 많아서, 흡수를 적게 하는 곳페빵을 사용해 균형을 맞췄다.

INGREDIENT

시만토 생강과 네팔 산초 곳페빵 …… 1개
굴 마파*1 …… 70g
파 소테*2 …… 적당량
싹눈파 …… 적당량

***1 굴 마파**

참기름 …… 적당량
생강(다진 것) …… 1쪽 분량
마늘(다진 것) …… 1쪽 분량
두반장 …… 1작은술
파(다진 것) …… 30g
혼합 다진 고기 …… 50g
A 간장, 굴소스 …… 1큰술씩
청주, 물 …… 적당량씩
춘장 …… 1큰술
굴(소금물에 씻은 것) …… 6개
전분 가루(물에 푼 것) …… 적당량
티무트 후추, 흑후추 …… 적당량씩

1 프라이팬에 참기름을 둘러 달구고, 생강, 마늘, 두반장을 볶는다. 향이 나면 파를 넣고 볶는다.
2 1에 혼합 다진 고기를 넣고 볶다가 A를 넣는다. 춘장과 굴을 넣어 재빨리 조린다.
3 전분물을 넣어 걸쭉하게 만들고, 티무트 후추와 흑후추를 넣는다.

***2 파 소테**

후카야 파의 초록 부분을 얇게 썰고, 샐러드유를 둘러 달군 프라이팬에 싹눈파와 함께 굽는다. 소금을 살짝 뿌려 맛을 낸다.

HOW TO MAKE

1 빵 위에 칼집을 내고, 굴 마파를 넣는다.
2 파 소테와 싹눈파를 올린다.

그루페토

문어와 다양한 채소 × 지로의 만능 소스 타르틴

사용하는 빵

르뱅

고소하고 깊은 맛을 내기 위해 호밀 20%와 전립분 20%를 혼합했다. 르뱅 액종을 넣어 오버나이트로 발효해 산미를 줄이고 밀가루의 풍미를 높였다. 꿀을 넣어 반죽을 촉촉하게 만드는 것도 포인트.

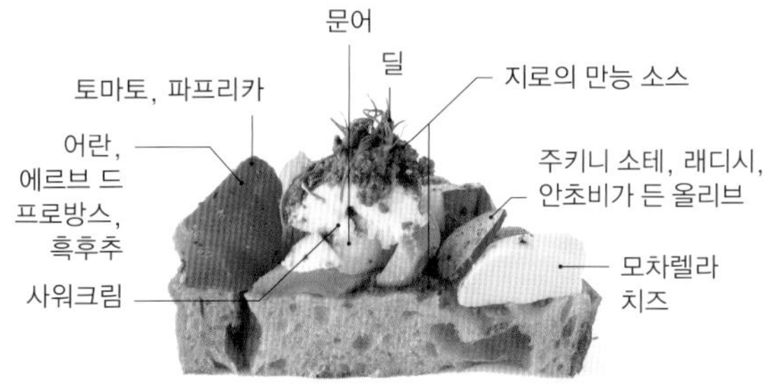

효고현의 그릇·생활잡화 전문점 '미즈타마샤'와의 협업 이벤트로 개발했다. 빵을 그릇 삼고, 미즈타마샤에서 자체 개발한 타프나드 소스인 '지로의 만능 소스', 문어, 여름 채소를 조합해 올린 샌드위치. 여름 채소는 볶아서 맛을 응축시키고, 그 외의 재료와 버무려 맛이 잘 스며들게 한 다음, 빵 위에 담는다.

INGREDIENT

르뱅(2㎝ 두께로 자른 것) …… 1장
지로의 만능 소스 …… 20g
마늘 오일 …… 적당량
대추 방울토마토 …… 20g
파프리카(빨강, 노랑) …… 30g
주키니 …… 30g
소금, 흑후추 …… 적당량씩
문어(삶은 것) …… 20g
래디시(얇게 썬 것) …… 5조각
모차렐라 치즈(작고 동그란 것) …… 2개
안초비가 든 올리브 …… 1개
어란 …… 약간
에르브 드 프로방스 …… 약간
사워크림 …… 10g
지로의 만능 소스(마무리용) …… 3g
딜 …… 약간

HOW TO MAKE

1 빵에 지로의 만능 소스를 바른다.

2 프라이팬에 마늘 오일을 두르고, 반으로 자른 방울토마토, 주사위 모양으로 썬 빨강·노랑 파프리카, 은행잎 모양으로 썬 주키니를 볶는다. 소금, 흑후추로 간을 한다.

3 1에 2, 삶아서 한입 크기로 썬 문어, 래디시, 모차렐라 치즈, 안초비가 든 올리브를 박아 넣듯이 담는다.

4 어란을 얇게 깎고, 에르브 드 프로방스와 흑후추를 뿌린다. 가운데에 사워크림과 지로의 만능 소스를 담고, 딜로 장식한다.

다카노 팽

가지와 참치 프레시 샌드위치

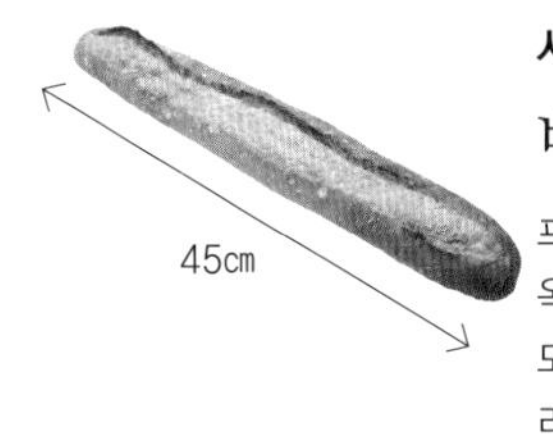

사용하는 빵

바게트

프랑스산 등 3가지 밀가루와 볶은 옥수숫가루를 배합한다. 40시간 정도 저온 발효해 가볍고 폭신하며 물리지 않는 맛과 식감을 낸다. 샌드위치용은 얇게 구워 베어 먹기 더욱 좋다. 1개를 1/3로 잘라서 사용한다.

구운 가지, 마요네즈
체리 모차렐라
생채상추
반건조 토마토
홀그레인 머스터드
참치 필링
버터

상큼하고 감칠맛 나는 수제 드레싱에 버무린 참치 필링과 구운 가지, 모차렐라 치즈, 반건조 토마토를 다채롭게 넣은 여름 대표 샌드위치. 홀그레인 머스터드의 산미를 곁들인 개운한 맛은 더운 기간에도 산뜻하게 먹을 수 있어서 여성에게 특히 인기 있다.

INGREDIENT

바게트 …… 1/3개
버터 …… 7g
홀그레인 머스터드 …… 3g
생채상추 …… 8g
구운 가지*1 …… 2~3조각
마요네즈 …… 8g
참치 필링*2 …… 50g
체리 모차렐라 …… 1개
오일에 담근 반건조 토마토 …… 1.5개

***1 구운 가지**

가지 …… 1개
올리브유 …… 5g

1 가지를 5㎜ 두께로 어슷썬다.
2 오븐 팬에 늘어놓고, 올리브유를 솔로 바른다.
3 윗불 220℃, 아랫불 230℃ 오븐에 6분간 굽는다.

***2 참치 필링**

오일에 담근 참치(파우치) …… 1㎏
드레싱(아래의 재료를 섞는다) …… 400g
꿀 …… 50g
홀그레인 머스터드 …… 50g
올리브유 …… 100g
라즈베리 비니거 …… 200g
참치를 기름과 함께 볼에 담고, 드레싱을 넣어 버무린다.

HOW TO MAKE

1 빵에 가로로 칼집을 내고, 아랫면에 버터를, 윗면에 홀그레인 머스터드를 바른다.

2 생채상추를 깔고, 구운 가지를 늘어놓는다.

3 구운 가지 위의 세 군데에 마요네즈를 빙빙 돌려서 짜고, 참치 필링을 올린다.

4 체리 모차렐라와 반건조 토마토를 각각 반으로 잘라서 교대로 늘어놓는다.

더 루츠 네이버후드 베이커리

제철 채소와 참치 바냐 카우다

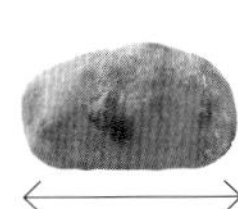

사용하는 빵

치아바타

샌드위치용으로 굽는 치아바타는 손으로 반죽하는 세미 하드 계열. 씹는 맛이 제대로 나고 베어 먹기 편해서 샌드위치에 적합하다. 올리브유를 10% 배합해, 차가워도 딱딱해지지 않아서 냉장 샌드위치도 만들 수 있다.

바냐 카우다 소스

소금물에 데친 아스파라거스

반건조 토마토

소금물에 데친 유채, 스냅피

참치 샐러드

적상추

봄에는 스냅피와 아스파라거스·유채, 여름에는 단호박과 물가지…. 이렇게 다채로운 제철 채소를 주인공으로 한 샌드위치. 이탈리아의 전채 요리를 형상화해, 산미를 더한 신선한 참치 샐러드에 바냐 카우다 소스를 듬뿍 끼얹었다.

INGREDIENT

치아바타 …… 1개
적상추 …… 2장
참치 샐러드*1 …… 30g
소금물에 데친 유채 …… 3줄기
소금물에 데친 스냅피 …… 2깍지
소금물에 데친 아스파라거스 …… 1/2대
바냐 카우다 소스*2 …… 적당량
반건조 토마토(37쪽 참조) …… 1/2개

***1 참치 샐러드**

참치(물에 담근 통조림, 1㎏), 마요네즈(100g), 화이트 와인 비니거(20g)를 고루 섞는다. 레몬 필(50g)을 다져서 넣고 섞는다. 레몬 필은 레몬에이드용으로 설탕과 향신료와 함께 담근 것.

***2 바냐 카우다 소스**

냄비에 뜨거운 물을 부어 강불로 끓이고, 마늘(500g)을 넣고 다시 끓을 때까지 데친다. 마늘을 데친 물을 버리고 대강 썬다. 마늘을 바특한 양의 우유와 함께 냄비에 넣고, 약불로 부드러워질 때까지 조린다. 마늘을 건져내서 물기를 빼고, 우유도 따로 보관한다. 푸드프로세서에 마늘과 안초비(50g)를 넣고 갈아서 페이스트로 만든다. 농도를 보고, 보관해둔 우유를 적당량 넣으며 농도를 조절한다. 용기에 옮겨 담아 한 김 식히고, 윗면을 올리브유(적당량)로 덮어서 냉장실에 보관한다.

HOW TO MAKE

1 빵에 가로로 칼집을 낸다. 적상추를 찢어서 넣고, 그 위에 참치 샐러드를 펴 바른다.

2 소금물에 데친 유채, 스냅피, 아스파라거스를 겹쳐 올린다.

3 채소 위에 바냐 카우다 소스를 끼얹고, 반건조 토마토를 올린다.

샤포 드 파이유

참치, 달걀, 오이 샌드위치

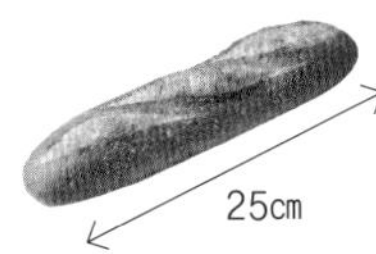

사용하는 빵

바게트

반죽에 참기름을 넣어 고소함을 더하고, 씹는 맛이 좋게 만든 바게트. 저온에서 장시간 발효해 쫄깃하고, 크러스트는 얇고 바삭하다. 아래의 사진은 반으로 자른 것(12.5㎝).

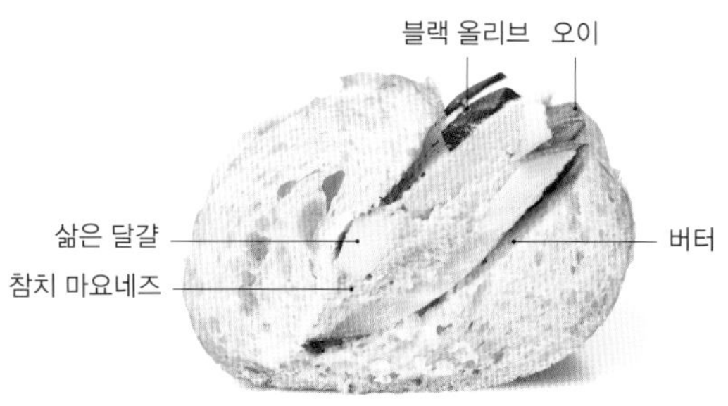

프랑스 니스식 샐러드를 샌드위치로 응용했다. 참치 마요네즈에는 페이스트로 만든 안초비를 넣어 감칠맛과 짭짤함을 더하고, 오이는 빵과 함께 기분 좋게 씹히도록 4㎜ 두께로 썬다. 참치, 달걀, 올리브와 빵이 한입에 들어와 서로 어우러지는 맛을 즐길 수 있다.

INGREDIENT 2개 분량

바게트 …… 1개
버터 …… 13g
오이 …… 50g
참치 마요네즈*1 …… 50g
삶은 달걀 …… 1개보다 조금 적게
소금 …… 적당량
흑후추 …… 적당량
블랙 올리브(슬라이스) …… 6조각

***1 참치 마요네즈**

캔 참치(1.7㎏), 수제 마요네즈(59쪽 참조, 600g), 잘게 두드려 페이스트로 만든 안초비(50g)를 섞는다.

HOW TO MAKE

1 빵에 가로로 칼집을 내고, 모든 단면에 버터를 바른다.

2 4㎜ 두께로 썬 오이를 늘어놓고, 그 위에 참치 마요네즈를 올린다.

3 5㎜ 두께로 썬 삶은 달걀을 늘어놓고, 소금과 흑후추를 뿌린다.

4 삶은 달걀 위에 블랙 올리브를 올린다. 반으로 자른다.

비버 브레드

참치 라클렛

사용하는 빵

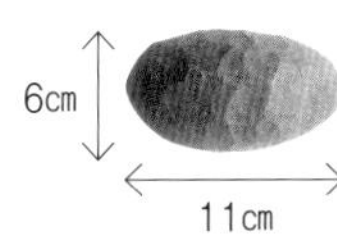

밀크 프랑스

일본의 전통적인 프랑스 빵을 형상화해, 우유를 넣어 일반적인 바게트보다 부드럽고 가벼운 식감을 낸 작은 빵. 바삭한 크러스트, 담백한 크럼은 다양한 재료와 잘 어울린다.

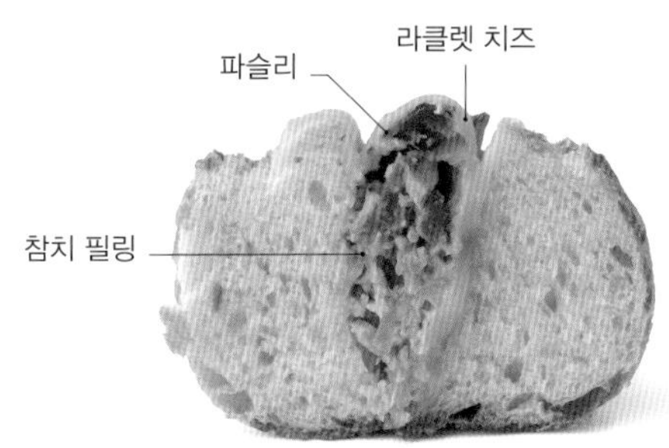

기름에 담근 참치에 마늘과 반건조 토마토, 레몬즙을 넣은 필링을 작은 빵 속에 넣고, 파슬리와 라클렛 치즈를 뿌려서 구운 샌드위치. 레몬의 산미와 향, 치즈의 감칠맛을 더해 평범한 참치 샌드위치를 술과도 어울리는 어른 취향의 메뉴로 만들었다.

INGREDIENT

밀크 프랑스 …… 1개
참치 필링*1 …… 40g
파슬리(다진 것) …… 적당량
라클렛 치즈 …… 30g

***1 참치 필링**

기름에 담근 참치 …… 30g
반건조 토마토 …… 5g
마늘 …… 약간
레몬즙 …… 약간
엑스트라 버진 올리브유 …… 5g
소금 …… 약간
백후추 …… 약간
레몬 껍질 …… 약간

1 참치는 기름을 뺀다. 반건조 토마토는 다지고, 마늘은 간다.
2 1을 볼에 담고, 레몬즙, 올리브유, 소금, 백후추를 넣어 섞는다.
3 레몬 껍질을 강판에 갈아서 넣고 섞는다.

HOW TO MAKE

1 빵 위에 칼집을 내고, 참치 필링을 넣는다.

2 참치 필링 위에 파슬리를 뿌리고, 라클렛 치즈를 올린다.

3 윗불 120℃, 아랫불 210℃ 오븐에 7분간 굽는다.

채소가 주인공인
샌드위치

BRAND-NEW SANDWICH

모어댄 베이커리

후무스 베이글 샌드위치

큐민과 마늘의 향을 입힌 후무스에 중동의 혼합 향신료 '듀카'를 듬뿍 토핑했다. 올리브유에 구운 가지, 둥글게 썬 토마토를 그 위에 올리고, 3가지 새싹 채소를 섞어서 얹은 베이글 샌드위치. 쫄깃한 베이글에 견과류와 채소의 식감이 더해져 씹는 맛이 살아난다.

사용하는 빵

멀티그레인 베이글

귀리, 해바라기씨 등 비타민, 미네랄, 식이섬유가 풍부한 잡곡을 14% 배합했다. 반죽 주변에도 잡곡을 묻혀서 고소하게 구운 베이글. 뉴욕 베이글 같은 쫀득한 식감이라 먹기 편하다.

INGREDIENT 2개 분량

멀티그레인 베이글 …… 1개
후무스*1 …… 65g
듀카*2 …… 25g
구운 미국 가지*3 …… 2조각
토마토*4 …… 2조각
소금 …… 적당량
새싹 채소*5 …… 7g

***1 후무스**

병아리콩(건조) …… 500g
양파 …… 120g
마늘 …… 70g
올리브유 A …… 25g
큐민 씨앗 …… 8g
올리브유 B …… 250g
소금 …… 4g
흑후추 …… 1g
레몬즙 …… 20g
참깨 페이스트 …… 250g

1 병아리콩을 바특한 물에 하룻밤 담가서 불리고, 속까지 잘 익도록 30~40분간 삶는다.
2 양파, 마늘은 다진다.
3 올리브유 A를 프라이팬에 둘러 달구고, 큐민 씨앗을 넣고 눌을 때까지 가열한다. 불을 끄고 한 김 식힌다. 마늘을 넣고 중불로 가열하다가 향이 나면 양파를 넣고 숨이 죽을 때까지 볶는다.
4 물기를 뺀 1과 3, 올리브유 B, 소금, 흑후추, 레몬즙, 참깨 페이스트를 믹서에 함께 넣고, 갈아서 페이스트로 만든다.

***2 듀카**

아몬드 …… 250g
캐슈넛 …… 250g
큐민 씨앗 …… 100g
코리앤더 씨앗 …… 120g
참깨 …… 160g
소금 …… 60g

1 아몬드는 180℃ 오븐에 8~10분간 굽고, 밀대로 두드려 굵게 부순다. 캐슈넛도 밀대로 두드려 굵게 부순다.
2 큐민 씨앗, 코리앤더 씨앗, 참깨는 마른 프라이팬에 색이 약간 날 때까지 볶고, 믹서로 잘게 갈아준다.
3 1과 2, 소금을 함께 섞는다.

***3 구운 미국 가지**

1cm 두께로 둥글게 썰고, 적당량의 올리브유에 노릇하게 굽는다. 소금을 살짝 뿌린다.

***4 토마토**

1cm 두께로 둥글게 썬다. 키친타월로 감싸서 냉장실에 하룻밤 동안 두어 물기를 뺀다.

***5 새싹 채소**

영양가가 높은 브로콜리 새싹, 색이 예쁜 보라색 새싹, 매콤한 겨자 새싹을 섞어서 사용한다.

후무스는 가운데를 높게 쌓아서 담는다

1 빵에 가로로 칼을 대고 위아래를 균등하게 잘라서 아래의 빵 단면에 후무스를 바른다. 이때 가운데를 불룩하게 담으면 위에 올리는 가지와 토마토가 안정적으로 자리를 잡는다. 또 반으로 자를 때 재료가 균형 있게 보인다.

수제 듀카로 독특한 맛과 식감을 낸다

2 배트에 듀카를 담고, 후무스를 바른 면을 찍어서 전체에 고루 묻힌다. 본래 배합대로 견과류에 큐민과 코리앤더를 넣은 듀카의 고소한 풍미와 식감 때문에 이국적인 느낌이 물씬 난다.

새싹 채소로 아삭한 식감을 더한다

3 구운 미국 가지를 2조각 올리고, 그 위에 둥글게 썬 토마토를 2조각 올린다. 그 위에 시간이 지나도 아삭한 식감이 지속되는 브로콜리 새싹, 보라색 새싹, 겨자 새싹을 올린다. 반으로 잘라서 제공한다.

치쿠테 베이커리

잎새버섯과 후무스 쇼난 로데브 샌드위치

중동 여러 나라에서 많이 먹는 병아리콩 페이스트인 후무스를 담은 샌드위치. 동물성 재료를 사용하지 않고, 마늘로 맛을 낸 후무스에 제철 채소의 감칠맛을 쌓아 올려 깊이를 더했다. 여기에 엑스트라 버진 올리브유로 튀기듯이 구운 잎새버섯을 더해 콩과 버섯의 응축된 감칠맛이 진하게 퍼지는 샌드위치를 완성했다.

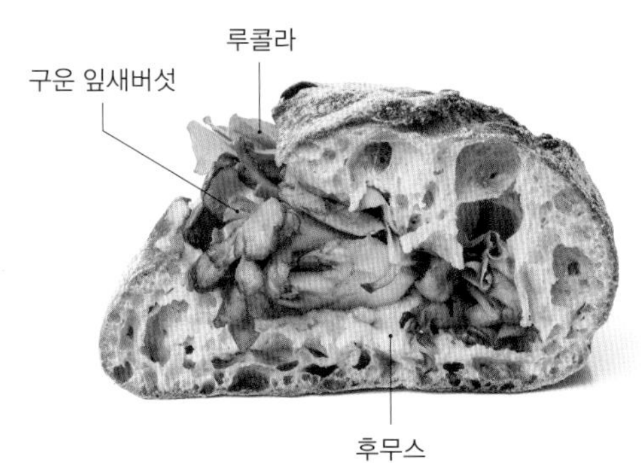

사용하는 빵

쇼난 로데브

맷돌로 간 가나가와산 '쇼난 밀가루'와 홋카이도산 강력분 하루요코이를 같은 비율로 사용한다. 가수율 107%로 샌드위치에 적합한 부드러운 식감을 냈다. 입에서 살살 녹는 로데브는 나이 지긋한 손님도 먹기 편해서 반응이 좋다.

INGREDIENT

쇼난 로데브 …… 1/2개
후무스*1 …… 40g
구운 잎새버섯*2 …… 45g
흑후추 …… 적당량
루콜라 …… 약 5g

***1 후무스**

유기농 건조 병아리콩 …… 800g
A 마늘(껍질과 심을 제거하고 으깬 것) …… 30~40g
볶은 참깨 …… 5큰술
엑스트라 버진 올리브유 …… 400g
소금(게랑드산) …… 5g
흑후추 …… 적당량
레몬즙 …… 9큰술

1. 넉넉한 물에 건조 병아리콩을 하룻밤 동안 담가서 불린다. 물을 새로 갈아서 중불에 올린다. 끓으면 불을 약하게 줄이고, 손끝으로 으깨질 정도로 부드러워질 때까지 25~30분간 삶는다.
2. 삶은 병아리콩이 한 김 식으면 물기를 완전히 뺀다.
3. 푸드프로세서에 2와 A를 넣고, 매끈해질 때까지 갈아준다.
4. 소금, 흑후추, 레몬즙으로 간을 한다.

***2 구운 잎새버섯**

잎새버섯 …… 1/3포기
흑후추 …… 적당량
엑스트라 버진 올리브유 …… 적당량
소금 …… 적당량
레몬즙 …… 약 1g

1. 잎새버섯은 잘게 찢으면 수분이 나오므로, 1포기를 1/3 정도씩 나눈다.
2. 흑후추와 올리브유를 고루 끼얹는다. 주름 부분에 올리브유를 넉넉히 끼얹고, 270℃ 오븐에 약 8분간 튀기듯이 굽는다.
3. 소금, 흑후추, 레몬즙으로 간을 한다.

후무스는 중심부에 두툼하게 바른다

1 빵은 반으로 잘라서 위에서 비스듬히 칼집을 낸다. 자른 곳을 벌리고, 아랫면에 후무스를 바른다. 씹었을 때 재료가 흘러넘치지 않도록 가운데는 두툼하게, 가장자리는 얇게 바른다.

잎새버섯은 가운데에 수북히

2 구운 잎새버섯을 올리고, 흑후추를 갈아서 뿌린다. 잎새버섯은 주름의 안쪽까지 올리브유를 충분히 묻혀서 튀기듯이 굽는다.

씁쓸한 루콜라로 맛의 깊이를 더한다

3 루콜라를 올리고 빵을 덮는다. 루콜라는 불필요한 수분이 나오지 않고, 시간이 지나도 색이 변하지 않아서 샌드위치에 자주 사용한다.

모어댄 베이커리

아보카도 치즈 샌드위치

사용하는 빵

캉파뉴

2가지 일본산 밀가루를 사용한다. 홋카이도산 기타노카오리 전립분을 25% 배합한 캉파뉴는 수제 르뱅종으로 장시간 발효한다. 쫄깃한 식감과 적당한 산미, 밀가루의 단맛은 짭짤한 재료와도, 달달한 재료와도 어울린다.

생채상추
사워크림 소스
새싹 채소
아보카도
토마토
머스터드
그뤼에르 치즈 시트

'채소를 맛있게 듬뿍 먹을 수 있는 요리'로 고안한 메뉴이다. 맛의 한 수는 연겨자가 톡 쏘는 수제 사워크림 소스. 적당한 산미가 채소의 신선함을 높이고 전체를 아우른다. 치즈는 캉파뉴의 감칠맛에 뒤지지 않는 깊은 맛의 그뤼에르 치즈를 사용한다.

INGREDIENT

캉파뉴(1.3㎝ 두께로 자른 것) …… 2장
머스터드 …… 6g
그뤼에르 치즈 시트 …… 13g
토마토(슬라이스)*1 …… 2조각
아보카도*2 …… 1/6개
새싹 채소*3 …… 20g
생채상추 …… 1/2장
사워크림 소스*4 …… 13g

***1 토마토**
1㎝ 두께로 둥글게 썰고, 키친타월로 감싼다. 냉장실에 하룻밤 동안 두어 물기를 뺀다.

***2 아보카도**
씨와 껍질을 제거하고, 반으로 자른다. 5㎜ 두께로 썬다.

***3 새싹 채소**
영양가가 높은 브로콜리 새싹, 색이 예쁜 보라색 새싹, 매콤한 겨자 새싹을 섞어서 사용한다.

***4 사워크림 소스**
사워크림 …… 80g
마요네즈 …… 40g
꿀 …… 10g
소금 …… 1g
연겨자 …… 2g
재료를 모두 넣고 균일하게 섞는다.

HOW TO MAKE

1 아래가 되는 빵에 머스터드를 바른다.

2 그뤼에르 치즈 시트를 올리고, 토마토 2조각을 늘어놓는다.

3 아보카도를 조금씩 비키며 겹쳐서 늘어놓는다. 새싹 채소, 생채상추 순으로 올린다.

4 남은 빵 1장에 사워크림 소스를 바르고, 3의 위에 덮는다.

베이크하우스 옐로나이프

비건 샌드위치

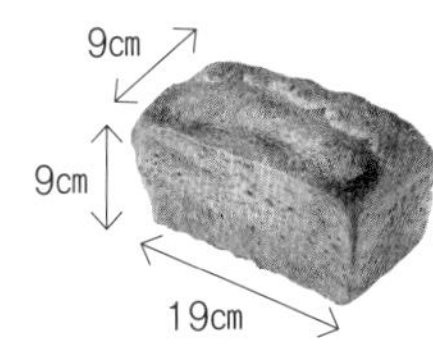

사용하는 빵

전립분 컨트리 토스트

지역 농가를 응원하는 마음으로, 사이타마산 농림 61호 밀가루를 주로 사용한다. 사이타마 가타야마 농장의 전립분을 40% 배합하고, 호밀로 키운 효모와 르뱅 리퀴드도 넉넉히 넣어 깊은 맛을 냈다.

루콜라, 고수, 브로콜리 새싹
채소 마리네
후무스

콩의 풍미가 가득한 후무스를 메인으로 맛볼 수 있는 비건 샌드위치. 식물성 재료만으로도 만족감이 들도록, 빵은 호밀과 전립분을 넣은 시큼한 컨트리 토스트를 사용한다. 채소 마리네는 미리 구워서 감칠맛을 응축하고, 중동의 혼합 향신료 '듀카'와 올리브유로 향을 더했다.

INGREDIENT

전립분 컨트리 토스트(1.5㎝ 두께로 자른 것) …… 2장
후무스*1 …… 60g
채소 마리네*2 …… 100g
루콜라, 고수, 브로콜리 새싹 …… 합계 30g
엑스트라 버진 올리브유 …… 적당량

***1 후무스**

병아리콩(건조) …… 500g
A 마늘 …… 1쪽
엑스트라 버진 올리브유 …… 50g
타히니 …… 30g
레몬즙 …… 30g
소금 …… 5g
큐민 파우더 …… 1큰술
코리앤더 파우더 …… 1큰술
파프리카 파우더 …… 1큰술
칠리 파우더 …… 1큰술
병아리콩 삶은 물 …… 50g

1 병아리콩은 하룻밤 동안 물에 담가서 불린다. 냄비에 넣고 부드러워질 때까지 삶는다.
2 1과 *A*를 푸드프로세서에 갈아서 페이스트를 만든다.

***2 채소 마리네**

빨강 · 노랑 파프리카와 가지를 길게 썰고, 알루미늄 포일로 감싸서 180℃ 오븐에 30분간 굽는다. 얼음물에 담가서 껍질을 벗기고, 듀카와 엑스트라 버진 올리브유에 버무린다.

HOW TO MAKE

1 빵 1장에 후무스를 바르고, 채소 마리네를 올린다.

2 루콜라, 고수, 브로콜리 새싹을 올린다. 올리브유를 끼얹고, 남은 빵 1장을 덮는다.

베이크하우스 옐로나이프

병아리콩 팔라펠 비건 샌드위치

병아리콩 또는 누에콩 페이스트에 향신료를 섞어서 둥글게 빚어 튀긴 중동 요리 '팔라펠'은 비건 푸드로 주목받고 있다. 씹는 맛이 좋은 베이글에, 참깨 페이스트로 감칠맛을 낸 팔라펠과 채소를 듬뿍 넣어 건강하고 든든한 샌드위치를 완성했다.

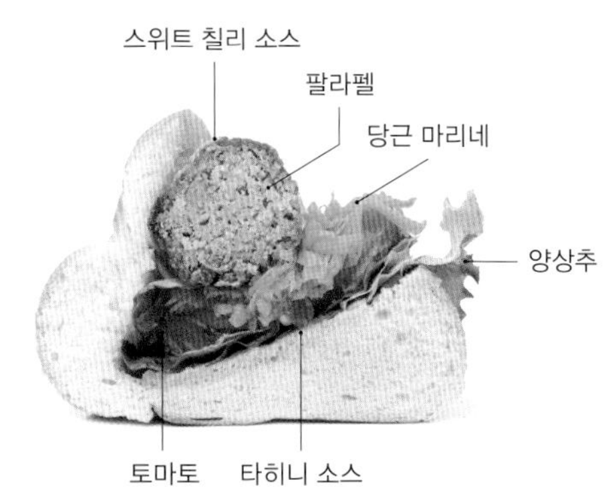

사용하는 빵

베이글

너무 쫄깃하지 않고 베어 먹기 좋은 식감으로 만든, 샌드위치용 베이글. 높이 2/3 부분에 칼끝을 대고 아래로 비스듬히 칼집을 넣으면 입체감이 생기고, 속에 넣은 재료의 볼륨도 돋보인다.

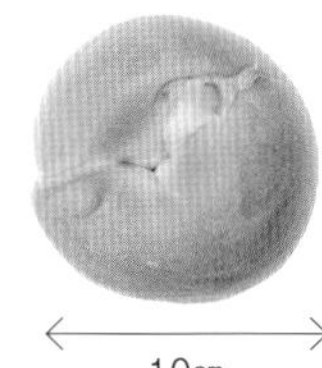

INGREDIENT

베이글 …… 1개
타히니 소스*1 …… 10g
양상추 …… 10g
토마토 …… 55g
당근 마리네*2 …… 20g
팔라펠*3 …… 60g
스위트 칠리 소스 …… 5g

***1 타히니 소스**

A 큐민 씨앗 …… 1큰술
통 백후추 …… 1작은술
코리앤더 씨앗 …… 1작은술
참깨 페이스트 …… 1큰술
엑스트라 버진 올리브유 …… 50g
레몬즙 …… 1개 분량
소금(게랑드산) …… 약간

1 *A*를 살짝 볶아서 믹서에 갈아 분말로 만든다.
2 1과 남은 재료를 푸드프로세서에 넣고, 저속으로 10~20초간 갈아준다.

***2 당근 마리네**

당근 …… 1개
화이트 와인 비니거 …… 20g
엑스트라 버진 올리브유 …… 20g

1 당근은 풍미와 식감을 살리기 위해 껍질째 채 썬다.
2 1을 화이트 와인 비니거와 올리브유에 버무린다.

***3 팔라펠**

병아리콩(건조) …… 200g
A 고수 …… 100g
코리앤더 파우더 …… 15g
케이엔 페퍼 파우더 …… 10g
큐민 파우더 …… 15g
파프리카 파우더 …… 5g
레몬즙 …… 1개 분량
소금 …… 2g
올리브유 …… 50g
베이킹소다 …… 2/3큰술
타히니 …… 50g
박력분 …… 적당량
엑스트라 버진 올리브유 …… 적당량

1 병아리콩은 물에 담가서 하룻밤 동안 두었다가 물기를 뺀다.
2 1을 푸드프로세서에 넣고, 중속으로 갈아 굵게 부순다.
3 *A*를 2에 넣고 중속으로 갈아서 페이스트를 만든다.
4 3을 지름 약 3.5㎝의 공 모양으로 빚는다. 박력분을 묻혀서 180℃ 올리브유에 겉면이 연한 갈색이 될 때까지 튀긴다.

타히니 소스로 참깨의 풍미를 강조한다

1 빵 높이의 2/3 지점에 칼끝을 대고, 아래로 비스듬히 칼집을 넣는다. 위아래를 완전히 나누지 말고, 5㎜ 정도 남긴다. 아랫면에 수제 타히니 소스를 바른다. 넉넉히 발라서 참깨의 풍미를 강조한다.

채소를 듬뿍 넣어 더욱 건강하게

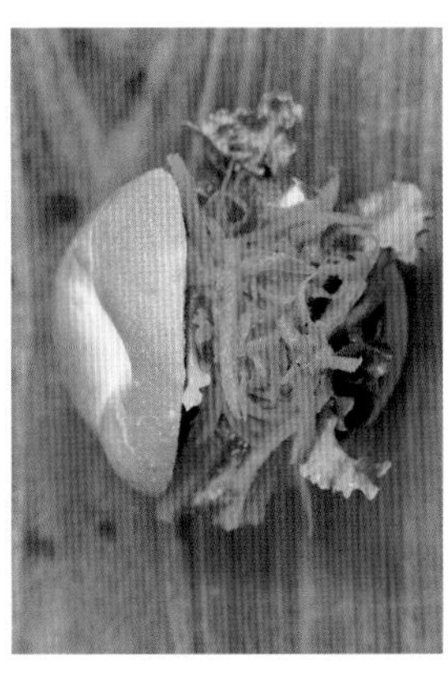

2 한입 크기로 찢은 양상추, 껍질을 벗겨 웨지 모양으로 썬 토마토, 당근 마리네 순으로 올린다.

주인공은 참깨 페이스트를 넣은 팔라펠

3 향신료가 은은하게 퍼지는 수제 팔라펠 2개를 베이글에 넣는다. 팔라펠은 참깨를 페이스트로 만든 조미료 '타히니'를 넣어 감칠맛이 좋다. 맛이 흐려지지 않게 마지막에 스위트 칠리 소스를 끼얹어 매콤달콤한 자극을 준다.

치쿠테 베이커리

2가지 주키니와 모차렐라 치즈 루스틱 샌드위치

채소의 풍미를 즐기는 베지 샌드위치. 감칠맛을 응축하기 위해 주키니는 6㎝ 길이의 막대 모양으로 썰어서 굽는다. 아삭아삭 씹히는 초록, 부드러운 질감의 노랑, 각각의 식감을 느낄 수 있게 교대로 담는다. 모차렐라 치즈의 감칠맛과 레몬의 산미, 바질의 향으로 질리지 않게 먹을 수 있는 메뉴.

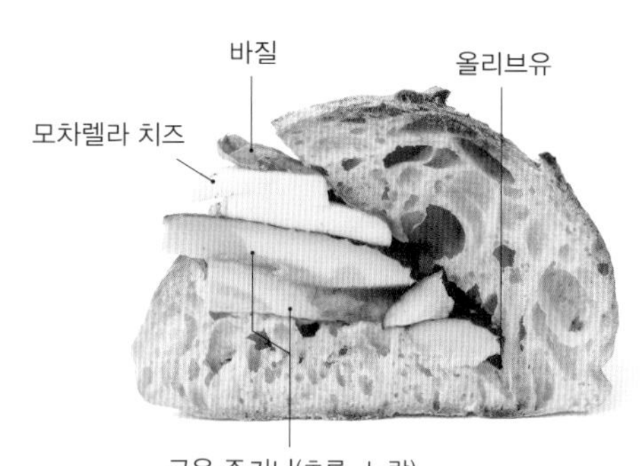

사용하는 빵

루스틱

씹는 맛이 좋고 볼륨감 있는 루스틱은 샌드위치에 활용하기 좋은 아이템이다. 일본산 밀가루를 사용하고, 가수율을 87%로 낮춰서 어떤 재료와도 어울리는 깊은 맛과 식감을 냈다.

INGREDIENT

루스틱 …… 1개
엑스트라 버진 올리브유 …… 10g
구운 초록, 노랑 주키니*1 …… 100g
레몬즙 …… 2g
모차렐라 치즈 …… 26g
소금 …… 1g
흑후추 …… 적당량
엑스트라 버진 올리브유(마무리용) …… 약 1g
바질 잎 …… 2~3장

***1 구운 초록, 노랑 주키니**

초록 주키니 …… 1/2개
노랑 주키니 …… 1/2개
소금 …… 적당량
흑후추 …… 적당량
엑스트라 버진 올리브유 …… 적당량

1 초록, 노랑 주키니는 각각 약 6㎝ 길이로 자르고, 방사형 6등분으로 썬다.
2 1을 오븐 팬에 늘어놓고, 소금, 흑후추, 올리브유를 뿌려서 250℃ 오븐에 약 5분간 굽는다. 오븐 팬 앞뒤를 돌려서 약 5분간 더 굽는다.

※ 주키니는 시기에 따라 풍미와 식감이 다르므로, 써는 법과 소금의 양, 가열 시간은 그때마다 조절한다.

단면에 올리브유를 두른다

1 빵 위에 비스듬히 칼을 대고 칼집을 낸다. 자른 곳을 벌린 다음, 단면에 올리브유를 두른다.

초록, 노랑 주키니를 교대로 담는다

2 구운 주키니를 초록, 노랑 교대로 8~10개 놓는다. 레몬즙을 끼얹고, 5㎜ 두께로 썬 모차렐라 치즈를 올린다.

마무리로 소금, 흑후추, 올리브유를 뿌린다

3 소금을 뿌리고, 흑후추를 갈아서 뿌린다. 모차렐라 치즈에 올리브유를 끼얹고, 그 위에 바질을 올린다.

치쿠테 베이커리

버섯 마리네 샌드위치

사용하는 빵

포레 아망드

홋카이도산 강력분을 주재료로 홋카이도산 전립분과 맷돌로 간 밀가루 등 합계 4가지 일본산 밀가루를 혼합했다. 밀가루의 감칠맛이 풍부한 반죽에 생아몬드를 반죽 대비 23% 배합했다. 견과류의 풍미와 오독한 식감이 빵 맛을 더욱 살려준다.

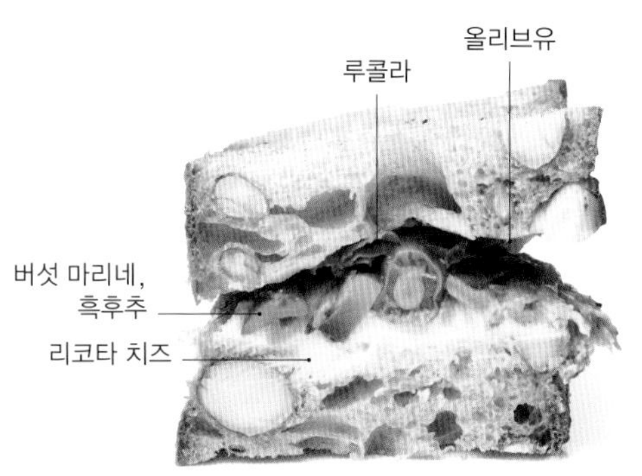

마늘과 샬롯으로 향을 낸 오일에 잎새버섯, 갈색 양송이, 만가닥버섯을 튀기고, 레드 와인 비니거로 마리네한다. 이를 리코타 치즈, 루콜라와 함께 하드 빵 사이에 넣어 감칠맛이 풍부한 베지 샌드위치를 완성했다. 생아몬드를 넣고 반죽해 구운 빵으로 식감에 변화를 주어서 질리지 않는다.

INGREDIENT

포레 아망드
(1.5~1.7㎝ 두께로 썬 것)
…… 2장
리코타 치즈 …… 30g
버섯 마리네*1 …… 40g
흑후추 …… 적당량
루콜라 …… 약 5g
올리브유 …… 적당량

***1 버섯 마리네**

갈색 양송이, 잎새버섯, 만가닥버섯 …… 합계 1㎏
샬롯 …… 500g
마늘 …… 100g
고추 …… 8개
올리브유 …… 1ℓ
월계수 잎 …… 5장
레드 와인 비니거 …… 300g
소금 …… 25g

1 양송이는 1/4~1/6로 자른다. 다른 버섯은 작은 송이로 나눈다.
2 샬롯은 껍질을 벗기고 얇게 썬다. 마늘은 껍질을 벗기고, 고추는 씨를 제거한다.
3 올리브유, 월계수 잎, 샬롯, 마늘, 고추를 냄비에 넣고, 끓어오르지 않게 약불로 30분간 가열하며 향을 입힌다.
4 1을 튀김옷 없이 넣고 튀긴다.
5 볼에 레드 와인 비니거와 소금을 섞고, 4를 뜨거울 때 담근다. 하룻밤 동안 냉장실에 넣고, 사용할 만큼만 체에 밭쳐 물기를 뺀다. 3~4일간 보관 가능하다.

HOW TO MAKE

1 빵 1장에 리코타 치즈를 골고루 바른다.

2 버섯 마리네를 올린 다음, 흑후추를 뿌리고 루콜라를 올린다.

3 남은 빵 1장에 올리브유를 끼얹고, 2에 덮는다.

치쿠테 베이커리

오이와 프로마주 블랑 샌드위치

사용하는 빵

쇼난 로데브

맷돌로 간 가나가와산 '쇼난 밀가루'와 홋카이도산 강력분 하루요코이를 같은 비율로 사용한다. 가수율 107%로 샌드위치에 적합한 부드러운 식감을 냈다. 입에서 살살 녹는 로데브는 나이 지긋한 손님도 먹기 편해서 반응이 좋다.

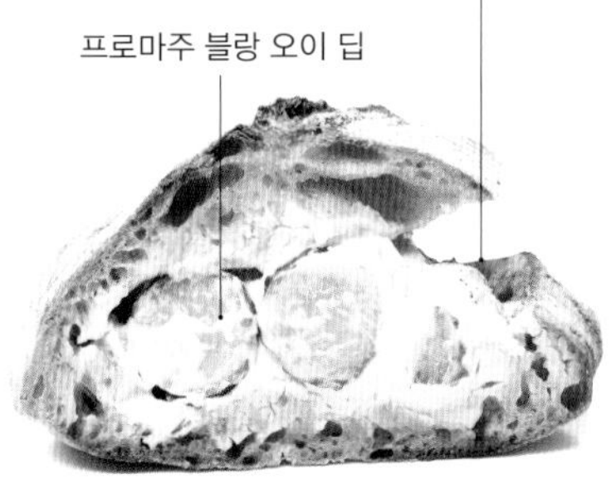

부드럽고 씹는 맛이 좋은 로데브에 오이와 프로마주 블랑* 딥을 듬뿍 채워 넣은 베지 샌드위치. 오이는 큼직하게 대강 썰어 아삭하게 씹는 맛을 즐길 수 있다. 큐민의 향과 레몬의 산미를 더한 딥의 산뜻한 풍미가 식욕을 돋워서 마지막까지 질리지 않는다.

* 하얗고 매끈한 크림 형태의 프랑스 치즈. 산미가 부드럽고 치즈 특유의 냄새가 없다.

INGREDIENT

쇼난 로데브 …… 1/2개
프로마주 블랑 오이 딥*1 …… 95g
엑스트라 버진 올리브유 …… 적당량
소금 …… 적당량
흑후추 …… 적당량

***1 프로마주 블랑 오이 딥**

오이 …… 3개
프로마주 블랑 …… 300g
엑스트라 버진 올리브유 …… 15g
레몬즙 …… 15g
큐민 파우더 …… 5g

1 오이는 사방 3㎝로 대강 썬다.
2 프로마주 블랑, 올리브유, 레몬즙, 큐민 파우더를 함께 담고, 1을 넣어 섞는다.

HOW TO MAKE

1 빵에 칼집을 내고, 프로마주 블랑 오이 딥을 넣는다.
2 올리브유, 소금, 흑후추를 뿌린다.

모어댄 베이커리

비건 그릴 채소 샌드위치

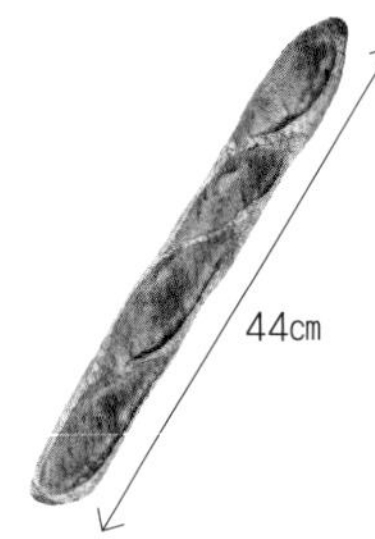

사용하는 빵

바게트

5가지 밀가루를 혼합하고, 전립분을 7.5% 배합했다. 겉은 바삭 고소하고, 속은 폭신하고 가벼운 식감으로 구워 밀가루의 단맛과 향이 퍼지는 바게트. 무난한 맛으로 어떤 재료와도 잘 어울린다. 1개를 반으로 잘라서 사용한다.

머스터드, 아몬드 버터, 소이 마요네즈
구운 당근
루콜라 꽃
구운 가지
토마토

농가 직송 제철 유기농 채소가 주인공인 비건 샌드위치. 당근은 삶아서 단맛을 끌어낸 후 오븐에 구워 감칠맛을 응축시켰다. 채소의 단맛을 돋보이게 하는 수제 아몬드 버터와 부드러운 산미의 소이 마요네즈를 빵에 바르고, 토마토와 구운 가지를 함께 듬뿍 넣는다.

INGREDIENT

바게트 …… 1/2개
머스터드 …… 5g
아몬드 버터*1 …… 10g
소이 마요네즈(시판품) …… 12g
토마토(슬라이스)*2 …… 1.5조각
구운 가지*3 …… 2조각
구운 당근*4 …… 2개
루콜라 꽃 …… 적당량

***1 아몬드 버터**

아몬드 500g을 180℃ 오븐에 8~10분간 굽는다. 그중 400g을 믹서에 갈아서 페이스트로 만들고, 남은 100g을 넣어 알갱이가 씹히는 형태로 갈아준다. 땅콩 오일(80g), 소금(4g), 설탕(세쌍당*, 40g)을 넣고 잘 섞는다.

* 원심분리기에 돌리는 공정을 두 번 거쳐서 만드는 비정제 설탕의 일종.

***2 토마토**

5㎜ 두께로 썰어서 키친타월로 감싸고, 냉장실에 하룻밤 동안 두어 물기를 뺀다. 반달 모양과 은행잎 모양으로 썬다.

***3 구운 가지**

5㎜ 두께로 둥글게 썰어서 올리브유에 굽는다. 소금을 살짝 뿌리고, 반달 모양으로 썬다. 여분의 기름을 제거한다.

***4 구운 당근**

오키나와 당근**, 자색 당근 등을 사용한다. 소금을 넣고 끓인 물에 껍질째 넣고 부드러워질 때까지 삶는다. 올리브유를 두른 오븐 팬에 늘어놓고 180℃ 오븐에 15~20분간 굽는다. 세로로 반을 자른다.

** 30~40㎝ 길이에 일반 당근보다 단맛이 좋으며 부드럽고 향이 강하다.

HOW TO MAKE

1 빵에 가로로 칼집을 내고, 아랫면에 머스터드, 아몬드 버터, 소이 마요네즈 순으로 바른다.

2 토마토를 늘어놓고, 그 위에 구운 가지를 늘어놓는다. 구운 당근을 빵에서 비어져 나오게 올리고, 루콜라 꽃으로 장식한다.

크래프트 샌드위치

구운 채소와 페타 치즈 & 칼라마타 올리브

사용하는 빵

미니 바게트

일반 바게트의 1/3 정도인 작은 바게트. 재료의 맛이 돋보이도록 심심한 바게트를 선택했다. 먹기 편하게 크러스트는 얇고 속은 쫄깃하게 만들었지만, 토스트하면 바삭해진다.

그리스 요리에서 착안한 샌드위치. 염소젖으로 만든 페타 치즈는 특유의 맛이 강해서, 오븐에 구운 토마토와 타임을 넣고 스프레드를 만들어 허브의 향으로 산뜻한 맛을 냈다. 구운 주키니와 가지를 넣고, 그리스산 칼라마타 올리브를 더해 정통성을 살린 메뉴를 완성했다.

INGREDIENT

미니 바게트 …… 1개
토마토 페타 치즈 스프레드*1 …… 50g
이탈리안 파슬리(생) …… 2자밤
칼라마타 올리브 …… 10g
구운 채소(주키니, 가지)*2 …… 60g

***1 토마토 페타 치즈 스프레드**

방울토마토 …… 400g
엑스트라 버진 올리브유 …… 20g
소금(게랑드산) …… 6g
타임(생) …… 1줄기
꿀 …… 10g
페타 치즈 …… 200g

1 오븐용 평평한 접시에 방울토마토를 담고, 올리브유, 소금, 타임, 꿀로 맛을 낸다.
2 1의 오븐 접시 가운데에 페타 치즈를 담고, 180℃로 예열한 오븐에 25분간 굽는다.
3 대강 섞고, 냉장실에서 차갑게 식힌다.

***2 구운 채소**

주키니 …… 1개
가지 …… 1개
엑스트라 버진 올리브유 …… 약간
소금(게랑드산) …… 약간

1 주키니와 가지는 5㎜ 두께로 썬다(샌드위치 1개당 4~5조각씩 사용).
2 주키니와 가지는 각각 다른 프라이팬에 올리브유를 넣고 굽는다. 소금을 뿌려 마무리한다.

HOW TO MAKE

1 빵에 가로로 칼집을 내고, 아랫면에 토마토 페타 치즈 스프레드를 바른다.

2 구운 주키니와 가지를 교대로 늘어놓는다.

3 다진 이탈리아 파슬리와 4등분으로 자른 칼라마타 올리브를 흩뿌린다.

베이커리 틱택

틱택 샌드위치

(제철 채소와 파스트라미 베이컨 샌드위치)

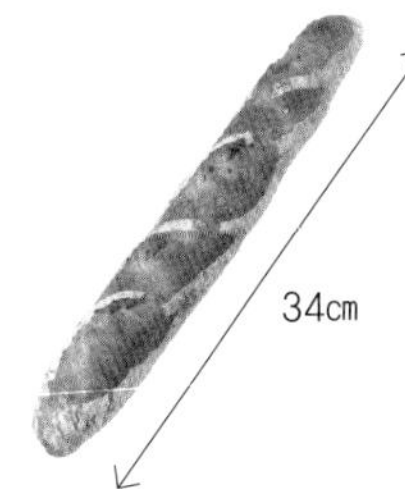

사용하는 빵

전립분 바게트

홋카이도산 전립분을 20% 배합하고, 건포도 효모종으로 발효한 바게트. 레스펙투스 파니스 제법으로 시간을 들여 밀가루의 감칠맛을 끌어내 깊이가 느껴진다.

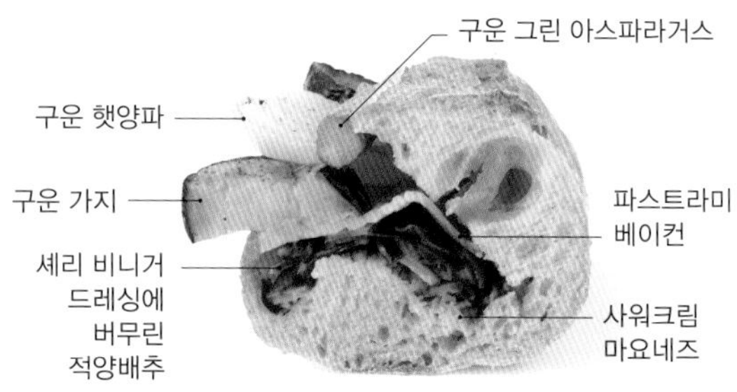

와카야마산 제철 채소를 전면에 내세워 계절감을 추구하는 샌드위치. 무엇을 먹는지 알 수 있게 채소는 3가지만 넣고, 식감이 서로 다른 채소를 조합한다. 셰리 비니거 드레싱에 버무린 적양배추와 사워크림 마요네즈의 산미로 산뜻함을, 파스트라미 베이컨으로 감칠맛을 더했다.

INGREDIENT

전립분 바게트 …… 1/2개
가지 …… 25g
햇양파 …… 15g
그린 아스파라거스 …… 10g
소금 …… 적당량
흑후추 …… 적당량
올리브유 …… 적당량
사워크림 마요네즈(62쪽 참조) …… 10g
셰리 비니거 드레싱에 버무린 적양배추(31쪽 참조) …… 15g
파스트라미 베이컨(17쪽 참조) …… 20g

HOW TO MAKE

1 가지는 1㎝ 두께로 둥글게 썬다. 햇양파는 껍질을 벗기고 1㎝ 두께로 둥글게 썬다. 아스파라거스는 밑동을 잘라내고, 단단한 부분의 껍질을 벗긴다. 오븐 팬에 늘어놓고 소금, 흑후추, 올리브유를 뿌려서 195℃ 오븐에 굽는다.

2 빵에 가로로 칼집을 내고, 아랫면에 사워크림 마요네즈를 바른다.

3 셰리 비니거 드레싱에 버무린 적양배추를 올리고, 그 위에 파스트라미 베이컨을 담는다. 1의 가지와 햇양파를 교대로 늘어놓고, 그 위에 아스파라거스를 올린다.

그루페토

아보카도, 시오콘부 버섯, 페타 치즈 크루아상 샌드위치

사용하는 빵

크루아상

17.5㎝

유메치카라 전립분을 10% 배합한 프랑스 빵 반죽에 버터와 버터밀크 파우더를 넣고, 발효 버터로 3절 접기를 3회, 4절 접기를 1회 진행했다. 접는 횟수를 줄여서 바삭한 맛을 낸다.

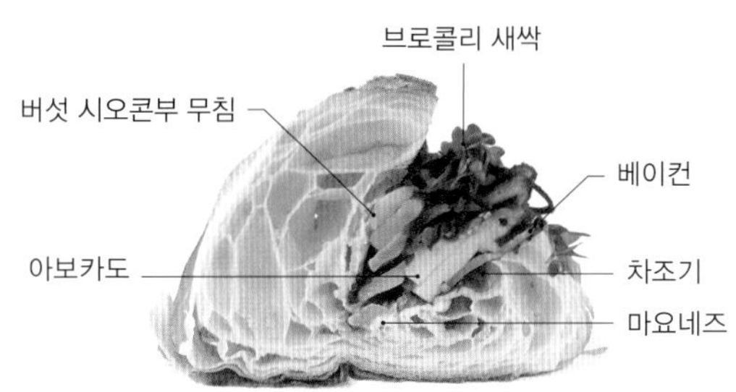

개업 당시 호평을 받은 샌드위치 '아보카도×다시마×페타 치즈×차조기×베이컨'에 버섯을 첨가해 볼륨감을 더했다. 빵은 '부드러운 아보카도의 식감과 잘 어울려서' 폭신하고 바삭한 크루아상을 사용했다. 마무리로 혼합 향신료인 '아웃도어 향신료 호리니시*'를 뿌린다.

* 20가지 이상의 향신료를 혼합해, 다양한 캠핑 요리에 어울린다.

INGREDIENT

크루아상 …… 1개
마요네즈 …… 10g
차조기 …… 2장
베이컨 …… 2장(36g)
아보카도 …… 50g
버섯 시오콘부 무침*1 …… 30g
브로콜리 새싹 …… 5g
엑스트라 버진 올리브유 …… 약간
흑후추 …… 약간
혼합 향신료 …… 약간

***1 버섯 시오콘부 무침**

새송이버섯 …… 500g
양송이 …… 250g
잎새버섯 …… 500g
만가닥버섯 …… 500g
올리브유 …… 적당량
흑후추 …… 약간
시오콘부(염장 다시마) …… 150g
페타 치즈(깍둑썬 것) …… 10g

새송이버섯과 양송이는 깍둑썬다. 잎새버섯과 만가닥버섯은 밑동을 잘라내고 풀어준다. 프라이팬에 올리브유를 두르고 버섯을 볶다가 흑후추를 뿌린다. 시오콘부와 페타 치즈를 넣고 섞는다.

HOW TO MAKE

1 빵에 가로로 칼집을 내고, 아랫면에 마요네즈를 짠다. 차조기를 2장 깔고, 바삭하게 구운 베이컨을 2장 늘어놓는다.

2 5㎜ 두께로 썬 아보카도를 늘어놓고, 버섯 시오콘부 무침을 담는다. 브로콜리 새싹을 담고, 올리브유를 약간 뿌린다. 흑후추와 혼합 향신료를 뿌린다.

반찬을 넣은
샌드위치

BRAND-NEW SANDWICH

생 드 구르망

크로크무슈

큼직한 캉파뉴를 3장 겹쳐서 매우 푸짐한 크로크무슈. 베샤멜 소스는 빵 사이에는 서로 연결할 만큼만 짜서, 햄의 감칠맛과 치즈의 고소하고 짭짤한 맛이 돋보이며, 빵 본연의 맛도 오롯이 느낄 수 있다. 마무리로 뿌린 올리브유로 산뜻한 향을 곁들인다.

사용하는 빵

캉파뉴

은은한 산미와 부드러운 식감이 먹기 편한 '캉파뉴'는 인근의 베이커리 '페니 레인 소라마치점'에서 구입한다. 크로크무슈에는 가운데 부분을 잘라서 사용한다.

INGREDIENT

캉파뉴(1.5㎝ 두께로 썬 것) …… 3장
발효 버터 …… 10g
베샤멜 소스*1 …… 30g
햄 …… 2장
그뤼에르 치즈 …… 15g
수제 빵가루*2 …… 2g
올리브유 …… 약간
이탈리아 파슬리 …… 약간

***1 베샤멜 소스**

버터 …… 70g
박력분 …… 70g
우유 …… 1ℓ
소금 …… 약간

1 버터를 냄비에 넣고 거품이 생길 때까지 가열한다.
2 체로 친 박력분을 넣고, 거품기로 저으며 가열한다.
3 우유를 다른 냄비에 끓기 직전까지 데우고, 2에 조금씩 부으며 거품기로 저어서 가열해 매끈하게 만든다.
4 소금을 넣어 간을 하고, 끝이 뾰족한 체에 거른다.

***2 수제 빵가루**

바게트 가장자리 부분을 잘게 잘라 실온에 말리고, 핸드 믹서로 분쇄한다.

베샤멜 소스로 빵과 재료를 붙인다

1 빵 2장의 한쪽 면에 각각 발효 버터를 바르고, 위에 올리는 재료가 잘 고정되게 베샤멜 소스를 1장당 5g씩 짠다.

햄을 올리고, 그뤼에르 치즈를 갈아서 올린다

2 베샤멜 소스 위에 반으로 자른 햄을 2장씩 늘어놓는다. 그뤼에르 치즈를 갈아서 햄 위에 5g씩 올린다.

3장을 겹쳐서 빵의 맛도 제대로 즐긴다

3 햄과 치즈를 올린 2장의 빵을 쌓고, 남은 빵 1장을 덮는다.

맨 윗면에 베샤멜 소스를 듬뿍 짠다

4 맨 윗면에 베샤멜 소스를 짜고, 수제 빵가루와 간 그뤼에르 치즈를 5g 뿌린다. 220℃ 오븐에 8분간 굽는다. 올리브유와 이탈리안 파슬리를 뿌린다.

크래프트 샌드위치

라타투이와 베이컨 &
콩테 치즈 크로크무슈

구운 채소를 듬뿍 넣은 라타투이에 캐러멜리제한 베이컨, 베샤멜 소스, 콩테 치즈를 쌓아 올려 구운, 볼륨감 만점의 샌드위치. 라타투이의 채소는 조리지 않고 오븐에 구운 후 토마토소스와 섞어서, 식감을 살리면서 감칠맛을 끌어낸다.

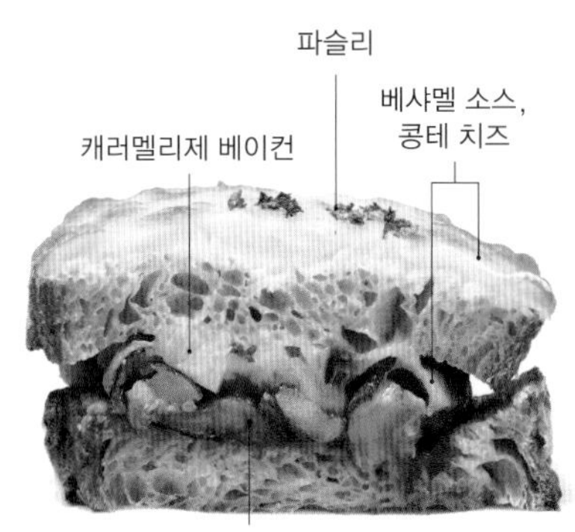

사용하는 빵

르뱅

호밀을 넉넉히 배합한 건강한 빵. 구수한 향과 시큼한 맛이 특징으로, 라타투이처럼 토마토가 든 요리에 어울려서 사용하고 있다. 사진은 1/4로 자른 것.

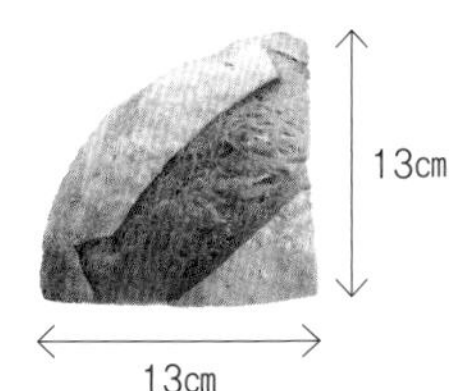

INGREDIENT

르뱅(2㎝ 두께로 자른 것) …… 2장
라타투이*1 …… 80g
캐러멜리제 베이컨*2 …… 20g
베샤멜 소스*3 …… 80g
콩테 치즈 …… 50g
파슬리(생) …… 2자밤

***1 라타투이**

미국 가지 …… 1개
주키니 …… 1개
노랑 파프리카 …… 1개
빨강 파프리카 …… 1개
엑스트라 버진 올리브유 …… 30g(채소 구이용 20g, 토마토소스용 10g)
소금(게랑드산) …… 6g
마늘 …… 1쪽
토마토퓌레(알갱이가 굵은 것) …… 400g
사탕수수 설탕 …… 5g
고추장 …… 10g

1 채소를 굽는다. 미국 가지, 주키니, 2가지 파프리카는 사방 3~4㎝로 깍둑썬다. 오븐 트레이에 채소를 담고, 올리브유(20g)와 소금에 버무린다. 200℃로 예열한 오븐에 20분간 굽는다.
2 토마토소스를 만든다. 냄비에 올리브유(10g)와 얇게 썬 마늘을 넣고, 불에 올린다. 향이 나면 토마토퓌레, 사탕수수 설탕, 고추장을 넣고 걸쭉해질 때까지 20분 정도 졸인다.
3 1과 2를 볼에 넣어 버무리고, 소금(분량 외)으로 간을 한다.

***2 캐러멜리제 베이컨**

베이컨(블록) …… 50g
꿀 …… 10g
소금(게랑드산) …… 약간

1 베이컨을 사방 5㎜로 깍둑썰고, 프라이팬에 노릇하게 볶는다.
2 꿀과 소금을 넣고, 겉면이 바삭해질 때까지 볶는다.

***3 베샤멜 소스**

버터 …… 50g
박력분 …… 50g
우유 …… 500㎖
소금(게랑드산) …… 2g

1 냄비에 버터를 넣고, 녹으면 박력분을 넣어 2~3분간 저으면서 볶는다.
2 우유를 한 번에 넣고, 걸쭉해질 때까지 쉬지 말고 거품기로 저어준다.
3 소금으로 간을 한다.

빵은 단면이 큰 쪽을 위로

1 빵은 단면이 큰 쪽을 위로, 작은 쪽을 아래로 놓는다. 아래가 되는 빵에 라타투이를 올리고, 그 위에 캐러멜리제한 베이컨을 고루 얹는다.

베샤멜 소스와 치즈를 듬뿍

2 1의 위에 베샤멜 소스 30g을 올리고, 그 위에 콩테 치즈를 갈아서 올린다. 위에 덮는 빵 1장에도 베샤멜 소스 50g을 바르고, 콩테 치즈를 듬뿍 갈아서 올린다.

오븐에 노릇하게 굽는다

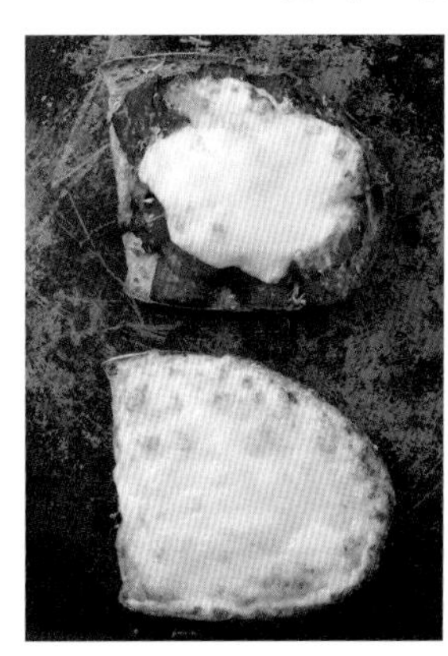

3 180℃로 예열한 오븐에 10~15분간 굽는다. 콩테 치즈가 녹아서 노릇해지면 오븐에서 꺼내 2장을 겹친다. 다진 파슬리를 뿌린다.

더 루츠 네이버후드 베이커리

사과와 고등어 브랑다드 크로크무슈

남프랑스의 향토 요리 '브랑다드'는 말린 염장 대구를 우유에 조려서 감자, 올리브유를 넣고 페이스트로 만든 것. 이를 염장 고등어로 응용하고, 로즈메리 풍미의 사과, 캉파뉴와 함께 크로크무슈를 만들었다. 먹을 때 따끈하게 데우면 매끈한 식감이 두드러진다.

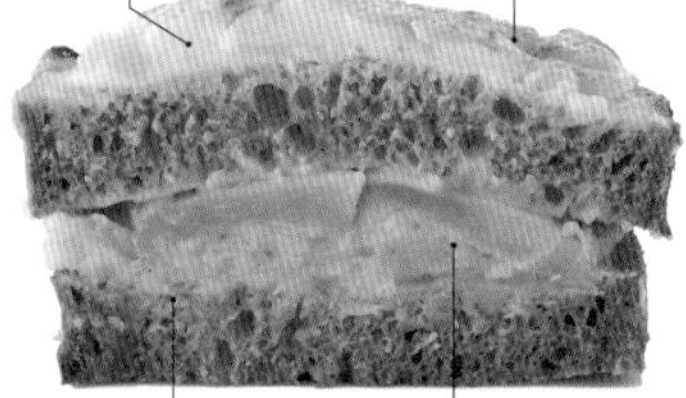

사용하는 빵

캉파뉴

이곳의 간판 상품이기도 한 대형 호밀빵은 2가지 수제 효모종을 사용해 하룻밤 동안 천천히 발효시켜 깊은 맛이 매력이다. 샌드위치 전용으로, 기포가 너무 많이 생기지 않게 길쭉하게 성형한 것을 잘라서 사용한다.

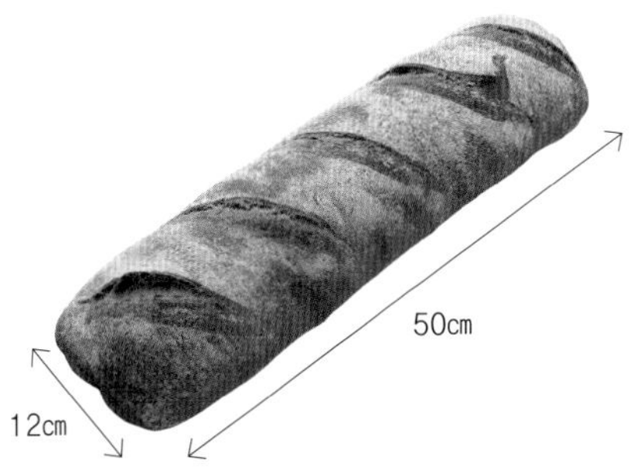

INGREDIENT

캉파뉴(1.2㎝ 두께로 자른 것) …… 2장
고등어 브랑다드*1 …… 60g
사과 마리네*2 …… 3조각(25g)
베샤멜 소스*3 …… 60g
레드 체더 슈레드 치즈 …… 적당량

***1 고등어 브랑다드**

염장 고등어 …… 500g
올리브유 …… 적당량
마늘(다진 것) …… 적당량
구운 양파(21쪽 참조) …… 150g
매시드 포테이토 …… 1㎏
우유 …… 200㎖+α
소금, 흑후추 …… 적당량씩
화이트 와인 비니거 …… 적당량
가염 버터 …… 150g

1 염장 고등어를 석쇠에 구워 가시와 껍질을 제거하고 살을 풀어준다. 풀어진 상태로 계량한다.
2 올리브유와 마늘을 프라이팬에 넣고, 중불에 올려 향을 낸다.
3 염장 고등어살과 구운 양파를 넣고, 전체에 기름기가 돌면 매시드 포테이토와 우유 200㎖를 넣고 섞는다. 굳기를 확인하고, 필요에 따라 우유를 더 넣어 점도를 조절한다. 소금, 흑후추로 간을 한다.
4 핸드 블렌더로 갈아서 고운 페이스트를 만든다. 화이트 와인 비니거, 가염 버터를 넣고 고루 섞는다.

***2 사과 마리네**

사과(부사) …… 적당량
올리브유 …… 적당량
소금 …… 적당량
로즈메리(생) …… 적당량

1 사과의 껍질과 씨를 제거한 다음, 5㎜ 두께의 웨지 모양으로 썬다.
2 오븐 팬에 늘어놓고, 올리브유와 소금을 뿌린다. 200℃ 오븐에 10~15분 동안 굽는다. 다 익으면 오븐에서 꺼내고, 한 김 식힌다.
3 올리브유와 로즈메리로 하룻밤 동안 마리네한다.

***3 베샤멜 소스**

버터 …… 100g
박력분 …… 80g
우유 …… 1ℓ
소금, 백후추, 넛멕 …… 적당량씩

1 버터를 냄비에 넣고 중불에 올린다. 버터가 녹으면 박력분을 넣어 섞고, 뚝뚝 떨어질 때까지 휘젓는다.
2 다른 냄비에 우유를 60℃까지 데운다. 1에 한 번에 붓고, 거품기로 저으며 끓인다.
3 윗면이 부글부글 끓으면 불에서 내리고, 소금, 백후추, 넛멕으로 맛을 낸다.

남프랑스 요리인 브랑다드를 염장 고등어로

1 빵 1장에 고등어 브랑다드를 균등한 두께로 바른다.

로즈메리 풍미의 사과로 상큼함을 더한다

2 사과 마리네를 1의 위에 올린다. 남은 빵 1장에 베샤멜 소스 20g을 바르고, 소스를 바른 면이 아래로 가게 해서 1에 덮는다.

치즈를 뿌려서 크로크무슈로 완성한다

3 윗면에 베샤멜 소스 40g을 바르고, 레드 체더 슈레드 치즈를 뿌린다. 180℃ 오븐에 약 10분간 굽는다.

베이커리 틱택

크로크무슈

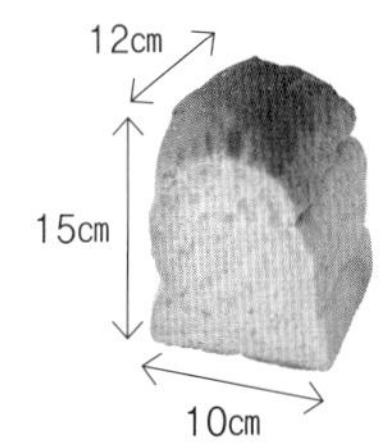

사용하는 빵

팽 드 미

홋카이도산 밀가루를 토대로, 건포도 효모종을 사용해 오버나이트 제법으로 깊은 맛을 낸 식빵. 우유 10%를 포함한 가수율 100%로, 폭신하고 담백한 맛을 지향했다.

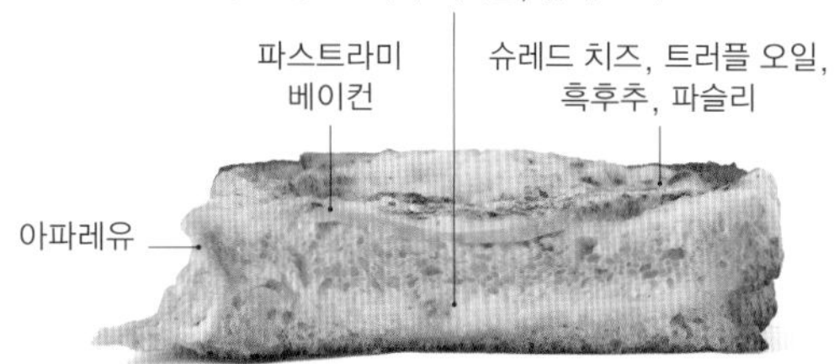

베샤멜 소스와 베이컨을 넣은 크로크무슈와, 달걀을 올리는 크로크마담을 결합한 이곳만의 샌드위치. 본래는 남은 식빵을 맛있게 조리하려고 아파레유에 담가 만든 직원 식사에서 탄생했다. 설탕을 넣은 아파레유에 담근 빵과 재료의 달콤 짭짤한 맛이 인기다.

INGREDIENT

팽 드 미(1.5㎝ 두께로 자른 것) …… 2장
아파레유*1 …… 적당량
파스트라미 베이컨 A (17쪽 참조) …… 20g
슈레드 치즈 A …… 10g
파스트라미 베이컨 B (17쪽 참조) …… 30g
슈레드 치즈 B …… 40g
트러플 오일 …… 2g
흑후추 …… 적당량
파슬리 …… 적당량

***1 아파레유**
달걀 …… 9개
백설탕 …… 75g
우유 …… 300g
생크림(유지방분 35%) …… 50g
꿀 …… 45g
재료를 모두 섞고, 체에 거른다.

HOW TO MAKE

1 빵 2장을 아파레유에 담근다.

2 1의 빵 1장 위에 다진 파스트라미 베이컨 A, 슈레드 치즈 A를 뿌린다. 그 위에 남은 빵 1장을 겹쳐 올리고, 파스트라미 베이컨 B를 올린 다음, 슈레드 치즈 B를 뿌린다.

3 210℃ 오븐에 스팀을 가해 9분간 굽는다. 트러플 오일과 흑후추를 뿌리고, 파슬리를 흩뿌린다.

베이커리 틱택

타르타르 새우튀김 그라탱 도그

사용하는 빵

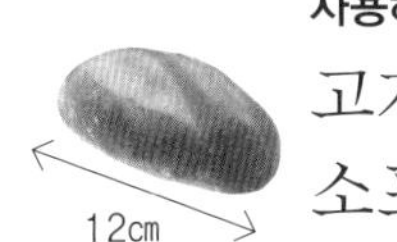

고가수 소프트 바게트

'하드 계열의 근본이 될 만한 빵'을 목표로 개발했다. 밀가루의 구수함이 느껴지는 반죽을 위해 홋카이도산 밀가루를 혼합한 가루를 40% 배합하고, 가수율 90%로 씹는 맛이 좋게 만들었다. 건포도 효모종을 넣고 이틀간 저온 발효해 밀가루의 향이 진하다.

슈레드 치즈
트러플 오일, 흑후추, 파슬리
셰리 비니거 드레싱에 버무린 적양배추
베샤멜 소스
타르타르소스 (달걀을 넣은 것)
새우튀김

새우튀김, 타르타르소스, 베샤멜 소스의 조합에 트러플 오일을 가미한 가을·겨울의 따끈한 메뉴. 빵 속에 재료를 넣어 살짝 가열하는 상품으로, 손님이 다시 구워 먹을 것을 고려해 부드러운 고가수 소프트 바게트를 사용했다. 빵 위에 베샤멜 소스를 덮어서 마르는 것을 방지한다.

INGREDIENT

고가수 소프트 바게트 …… 1개
셰리 비니거 드레싱에 버무린 적양배추(31쪽 참조) …… 15g
새우튀김(시판품) …… 1개
타르타르소스(달걀을 넣은 것)*1 …… 20g
베샤멜 소스*2 …… 30g
슈레드 치즈 …… 10g
트러플 오일 …… 2g
흑후추 …… 약간
파슬리 …… 적당량

***1 타르타르소스 (달걀을 넣은 것)**

단단히 삶은 달걀(4개)을 으깨고, 마요네즈(200g)와 달걀이 없는 타르타르소스(97쪽 참조, 200g)를 섞는다.

***2 베샤멜 소스**

냄비에 버터를 넣고 불에 올려서 녹인다. 녹은 버터 1에 대해 밀가루 1을 넣어 볶고, 쟁반에 부어 차갑게 굳혀서 뵈르 마니에를 만든다. 큐브 모양으로 잘라서 냉동 보관한다. 뵈르 마니에 1에 대해 우유 4를 넣고 가열한다. 소금과 흑후추로 간을 하고, 넛멕을 약간 넣고 섞는다.

HOW TO MAKE

1 빵 위에 칼집을 내고, 셰리 비니거 드레싱에 버무린 적양배추를 깐다.

2 오븐에 튀김 모드로 튀긴 새우를 빵 속에 넣고, 타르타르소스를 올린다. 베샤멜 소스를 끼얹고, 슈레드 치즈를 뿌린다.

3 윗불 240℃, 아랫불 210℃의 오븐에 5~6분간 굽는다. 꺼낸 다음 토치로 윗면을 그을려 노릇한 색을 낸다. 트러플 오일과 흑후추를 뿌리고, 파슬리를 흩뿌린다.

그루페토

양고기 사오마이 반미

사용하는 빵

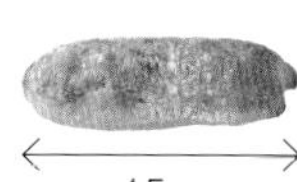

치아바타

사용하기 직전에 자가 제분해 향을 끌어올린 유메치카라 전립분을 10% 배합했다. 묵은 반죽과 미량의 이스트로 장시간 발효해 맛이 깊은 프랑스 빵 반죽을 성형하지 않고 그대로 잘라서 구웠다. 이렇게 하면 찰기가 줄어들어 식감이 부드러워진다.

양고기를 넣은 샌드위치를 개발하기 위해 고안했다. 다진 고기로 미트볼보다는 사오마이를 만들면 임팩트가 있겠다고 판단했다. 독특한 향이 있는 재료끼리 조합하고자 남플라에 버무린 홍백 나마스를 넣어 반미를 만들었다. 사오마이의 피는 마르기 쉬우니, 올리브유를 발라 마무리했다.

INGREDIENT

치아바타 …… 1개
칠리소스*1 …… 15g
마요네즈 …… 5g
양상추(생채상추) …… 2장
홍백 나마스*2 …… 40g
양고기 사오마이*3 …… 3개
엑스트라 버진 올리브유 …… 약간
흑후추 …… 약간
고수 …… 적당량
칠리소스*1(마무리용) …… 약간

***1 칠리소스**

식초(145g), 고추(둥글게 썬 것, 2g), 꿀(15g), 물(50g), 소금(1작은술), 마늘(4g), 미림(45g), 두반장(1/2작은술), 전분(1큰술), 케첩(1작은술)을 냄비에 넣고 양이 2/3로 줄어들 때까지 졸인다.

***2 홍백 나마스**

잘게 채 썬 무(200g)와 당근(100g)을 식초(100g), 소금(3g), 설탕(10g), 남플라(10g)에 버무린다.

***3 양고기 사오마이**

다진 양고기(600g)와 다진 돼지고기(900g), 양파(다진 것, 500g)를 섞다가 소금(15g)을 넣고 치댄다. 마늘(다진 것, 3쪽), 큐민 파우더(15g), 코리앤더 파우더(15g), 참기름(15g), 진간장(30g), 전분(30g), 고수(잘게 썬 것, 5줄기)를 넣어 섞고, 냉장실에서 1시간 동안 재운다. 만두피 1장에 소 30g을 감싸고, 100℃ 오븐에 20분간 찐다.

HOW TO MAKE

1 칼집 아랫면에 칠리소스와 마요네즈를 바르고, 양상추, 나마스, 사오마이 3개를 올린다.

2 사오마이 윗면에 올리브유를 바른다. 흑후추를 뿌리고, 고수와 칠리소스를 곁들인다.

그루페토

검은 와규 대창 토마토 조림과 페투치네

사용하는 빵

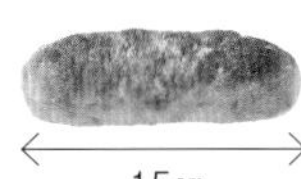

도그

일본산 밀가루에 버터와 버터밀크 파우더, 사탕수수 설탕을 배합한 식빵 반죽을 도그 형태로 성형했다. 가수율 87%로, 달짝지근하고 부드러운 식감이 난다.

재료를 매입할 때 발견한 검은 와규의 대창을 보고 이탈리아식 벌집양 토마토 조림인 트리파를 떠올렸다. '채소만 넣고 조리기보다 뭔가 든든한 재료도 넣으면 좋겠다 싶어서' 파스타를 조합했다. 폭이 넓은 페투치네로 대창의 식감과 균형을 맞추고, 매콤한 하리사를 더해 어른 취향의 나폴리탄 도그를 완성했다.

INGREDIENT

도그 …… 1개
페투치네(건면) …… 20g
대창 토마토 조림*1 …… 20g
하리사 …… 15g
파르미지아노 레지아노 치즈 …… 약간
흑후추 …… 약간
이탈리안 파슬리 …… 적당량
식용 꽃 …… 적당량

***1 대창 토마토 조림**

대창 …… 900g
A 셀러리 …… 2대
　당근 …… 2개
　양파 …… 4개
　베이컨 …… 5장
토마토 통조림(홀) …… 1㎏
B 소금 …… 15g
　흑후추 …… 5g
　에르브 드 프로방스 …… 5g
　올리브유 …… 30g
　케첩 …… 150g
　콩소메(과립) …… 10g

1 대창은 물에 삶는다. 삶은 물을 버리고, 사방 2㎝로 깍둑썬다.
2 냄비에 올리브유를 두르고, 다진 A를 볶는다. 토마토 통조림을 넣고 으깨면서 섞는다. 1을 넣고 1시간 동안 조린다.
3 B를 넣어 간을 한다.

HOW TO MAKE

1 페투치네는 물 중량의 1%의 소금을 넣은 끓는 물에 8분간 삶고, 대창 토마토 조림과 버무린다.

2 빵 위에 칼집을 내고, 단면 한쪽에 하리사를 바른다.

3 1을 넣고, 파르미지아노 레지아노 치즈와 흑후추를 뿌린다. 이탈리안 파슬리와 식용 꽃을 흩뿌린다.

비버 브레드

태국풍 야키소바 빵

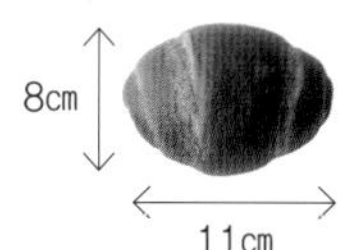

사용하는 빵

소금빵

우유, 버터, 달걀을 넣은 은은한 단맛의 팽 오 레 반죽으로 가염 버터를 감싸서 노릇하게 구운 롤빵. 버터가 녹아서 생긴 공간에 재료를 듬뿍 넣을 수 있고, 버터를 바르는 수고도 덜 수 있다.

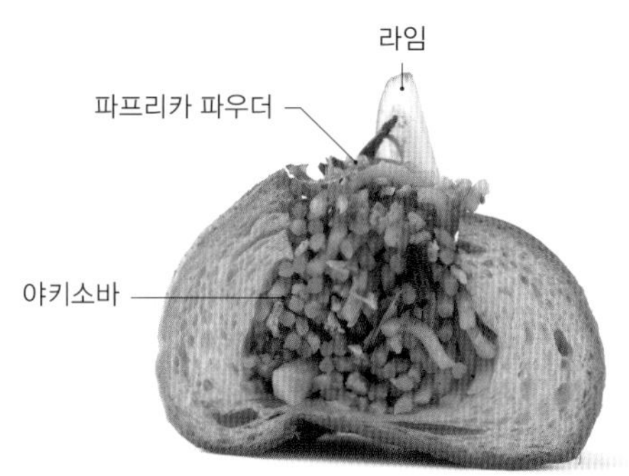

태국의 볶음국수인 '팟타이' 느낌으로 만들었다. 삶은 굵은 면에 다진 돼지고기, 부추, 고수를 넣어 볶고, 굴소스와 남플라로 이국적인 맛을 냈다. 오독한 식감을 더하기 위해 아몬드 조각을 넣었다. 버터 풍미가 강한 소금빵 속에 넣으므로, 재료는 심심하게 맛을 냈다. 라임을 곁들여 제공한다.

INGREDIENT

소금빵 …… 1개
야키소바*1 …… 140g
파프리카 파우더 적당량
라임 …… 1/12개

***1 야키소바**

부추 …… 10g
고수 …… 50g
식물성 기름 …… 적당량
다진 돼지고기 …… 40g
야키소바 면(쪄서 나온 제품) …… 80g
물 …… 적당량
A 남플라 …… 약간
굴소스 …… 5g
설탕 …… 약간
사과식초 …… 약간
아몬드 조각 …… 적당량
소금, 흑후추 …… 적당량
라임 …… 1/12개

1 부추는 굵게 다지고, 고수는 잘게 다진다.
2 프라이팬을 중불로 달구고, 식물성 기름을 둘러 다진 돼지고기를 볶는다.
3 고기 색이 변하면 야키소바 면과 물을 넣고 볶는다.
4 면이 풀어지면 부추와 *A*를 넣고, 강불로 볶는다.
5 소금과 흑후추로 간을 하고, 고수를 넣어 섞는다.

HOW TO MAKE

1 빵 위에 칼집을 내고, 야키소바를 넣는다.

2 야키소바 위에 파프리카 파우더를 뿌리고, 꼬치에 꽂은 라임을 곁들인다.

비버 브레드

신슈 소고기 크로켓 샌드위치

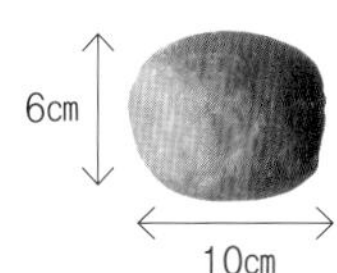

사용하는 빵

우유 소금빵

옛날식 프랑스 빵이 떠오르는 우유 반죽으로 가염 버터를 감싸서 노릇하게 구운 작은 빵. 버터가 녹아서 생긴 공간에 재료를 듬뿍 채워 넣을 수 있고, 버터를 바르는 수고도 덜 수 있다.

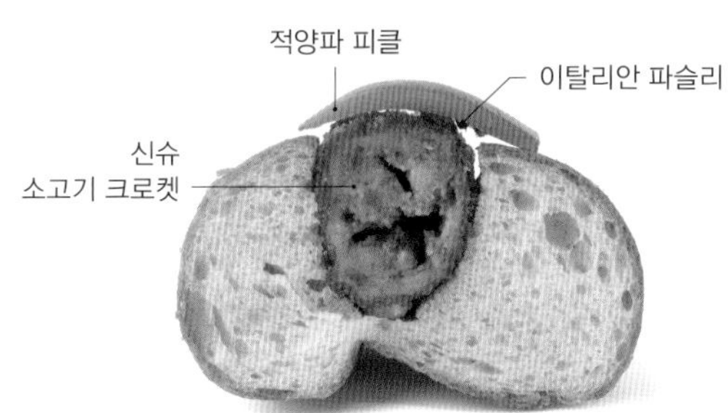

신슈(나가노현)산 검은 와규로 만든 길이 14㎝의 크로켓을 바삭 고소하게 튀기고, 걸쭉한 중농 소스를 한쪽 면에 듬뿍 발랐다. 버터의 향이 풍부한 작은 빵 속에 넣고, 다진 이탈리안 파슬리와 적양파 피클로 식감과 색에 포인트를 주었다. 보기에도 눈길을 끄는 샌드위치.

INGREDIENT

우유 소금빵 …… 1개
신슈 소고기 크로켓*1 …… 1개
이탈리안 파슬리(다진 것) …… 적당량
적양파 피클 …… 1조각

***1 신슈 소고기 크로켓**

신슈 소고기 크로켓(냉동) …… 1개
식물성 기름 …… 적당량
중농 소스 …… 적당량

1 냉동한 신슈 소고기 크로켓을 180℃ 기름에 한쪽 면당 4분씩 튀긴다.
2 기름을 빼고, 한쪽 면 전체에 솔로 중농 소스를 바른다.

HOW TO MAKE

1 빵 위에 칼집을 내고, 신슈 소고기 크로켓을 넣는다.
2 이탈리안 파슬리를 뿌리고, 적양파 피클을 올린다.

모어댄 베이커리

비건 크로켓 버거

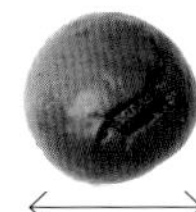

사용하는 빵

비건 번

버터와 우유 대신 두유와 소이 버터, 유기농 쇼트닝을 사용한 비건용 빵. 누구나 좋아하는 쫄깃하고 가벼운 식감에, 베어 먹기도 좋아서 재료를 듬뿍 넣어도 먹기 편하다.

아몬드 밀크로 감칠맛을 더한 매시드 포테이토에 캄파뉴로 만든 수제 빵가루를 입혀 튀겨서 바삭하고 고소한 크로켓을 만들었다. 이를 잘게 채 썬 적양배추와 함께 유제품을 쓰지 않은 비건 번 속에 넣고, 타르타르소스를 토핑했다. 부순 아몬드로 식감의 재미를 곁들였다.

INGREDIENT

비건 번 …… 1개
적양배추 …… 30g
크로켓*1 …… 1개
소스*2 …… 5g
타르타르소스*3 …… 10g
구운 아몬드 …… 1g

***1 크로켓(1개 분량)**

감자(메이퀸, 60g)를 100℃ 스팀 컨벡션 오븐에 약 1시간 동안 가열한다. 껍질을 벗기고, 매셔로 으깬다. 아몬드 밀크(10g), 간 마늘(0.2g), 소금(0.3g)과 섞고, 지름 약 8㎝의 원반 모양으로 빚는다. 박력분과 물을 같은 양으로 섞은 튀김옷을 입히고, 빵가루를 묻힌 다음, 카놀라유에 튀긴다.

***2 소스**

우스터 소스, 케첩, 메이플 시럽을 3:1:1 비율로 섞는다.

***3 타르타르소스**

케이퍼(15g), 적양파(50g), 이탈리안 파슬리(2g)를 각각 잘게 다지고, 소이 마요네즈(200g)와 섞는다.

HOW TO MAKE

1 빵에 가로로 칼집을 내고, 잘게 채 썬 적양배추를 깐다.

2 크로켓에 소스를 바르고, 1에 올린다. 타르타르소스를 끼얹은 다음, 부순 구운 아몬드를 뿌린다.

베이크하우스 옐로나이프

미트볼 샌드위치

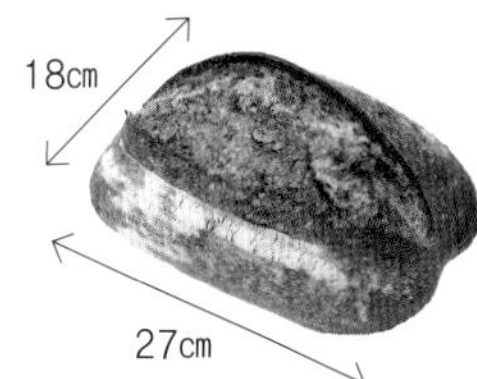

사용하는 빵

캉파뉴

재료의 맛이 강하기 때문에 빵은 산미가 적고 담백한 것을 선택했다. 홋카이도산과 구마모토산, 사이타마산 등 5가지 밀가루에 전립분을 30% 배합하고, 전립분과 호밀로 만든 르뱅 리퀴드를 넣어 가수율을 85~90%로 맞추었다.

이탈리아 요리 '폴페티니(고기 완자 토마토 조림)'에 아보카도, 토마토, 적양파 마리네, 오이초절임을 더해 채소도 듬뿍 먹을 수 있는 샌드위치를 만들었다. 허브와 마늘, 풋고추로 만드는 아르헨티나의 '치미추리 소스'의 산뜻한 향 덕분에 뒷맛이 깔끔하다.

INGREDIENT

캉파뉴(2㎝ 두께로 자른 것) …… 2장
토마토소스*1 …… 15g
아보카도(얇게 썬 것) …… 1/2개 분량
오이초절임*2 …… 20g
토마토(깍둑썬 것) …… 10g
적양파 마리네*3 …… 20g
폴페티니*1 …… 3개
코티지 치즈 …… 10g
홀그레인 머스터드 …… 5g
치미추리*4 …… 5g

***1 토마토소스, 폴페티니**

폴페티니를 만든다. 혼합 다진 고기(1㎏), 누룩 소금(15g), 달걀(1개), 빵가루(50g), 넛멕(1작은술), 코리앤더 파우더(1큰술), 큐민 파우더(1큰술), 흑후추(5g), 타임(3줄기)을 잘 치대며 섞고, 30g씩 둥글게 빚는다. 프라이팬에 해바라기씨유를 둘러 달구고, 모든 면을 굽고 여분의 기름을 닦아낸다. 토마토 통조림(토마토 캔 2개 분량)을 넣고 200℃ 오븐에서 15분간 조린다. 고기를 조린 소스를 토마토소스로 사용한다.

***2 오이초절임**

쌀식초(100g), 설탕(40g), 물(100g)을 냄비에 끓이고, 얇게 썬 오이(1개 분량)를 담근다. 한 김 식으면 냉장실에 보관한다.

***3 적양파 마리네**

적양파(1개)를 굵게 다지고, 엑스트라 버진 올리브유(50g), 쌀식초(20㎖), 소금(약간)에 버무린다.

***4 치미추리**

이탈리안 파슬리(100g), 파슬리(100g), 케이퍼(50g), 마늘(1/2쪽), 풋고추(2개), 파프리카 파우더(1큰술), 칠리 파우더(1큰술), 안초비(2조각), 엑스트라 버진 올리브유(200g), 소금(1작은술)을 섞는다.

HOW TO MAKE

1 빵 1장에 토마토소스를 바르고, 아보카도와 오이초절임을 늘어놓는다. 토마토, 적양파 마리네를 올린다.

2 폴페티니를 올리고, 코티지 치즈를 흩뿌린다. 머스터드, 치미추리를 끼얹는다.

맛있는 요리 빵 베이커리 하나비

3색 요리를 담은 뜯어먹는 샌드위치

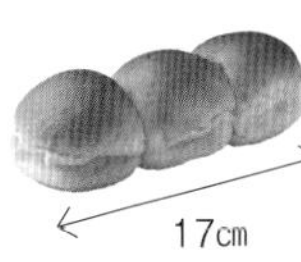

사용하는 빵

뜯어먹는 빵

탕종을 넣어 시간이 지나도 딱딱해지지 않고 폭신 쫄깃한 식빵 반죽을 30g씩 둥글게 성형한다. 버터와 생크림도 넣은 진한 반죽이라 디저트 계열의 재료와도 어울린다.

3가지 맛을 즐길 수 있는 인기 샌드위치. 재료는 매일 바뀌며, 달콤한 것과 반찬을 담은 것이 있다. 약 2㎝의 두툼한 두께가 눈에 띄는 돈가스는 과일을 넣은 수제 소스로 차별화를 주었다. 기성 제품을 활용한 마카로니 샐러드는 명란 소스와 잘게 썬 채소를 넣어 개성을 더했다.

INGREDIENT

뜯어먹는 빵 …… 1개
A 풀드포크(시판품) …… 40g
어린잎, 브로콜리 새싹 …… 적당량씩
마요네즈 …… 10g
B 두툼한 등심 돈가스*1 (2㎝로 네모나게 썬 것) …… 1개
돈가스 소스*2 …… 10g
코울슬로(시판품) …… 15g
마요네즈 …… 10g
C 하카타 명란 마카로니 샐러드*3 …… 40g
이탈리안 파슬리(건조) …… 적당량

***1 두툼한 등심 돈가스**

돼지 등심을 2㎝ 두께로 썰고, 두드려서 부드럽게 만든다. 밀가루, 달걀, 빵가루 옷을 입히고, 170℃ 샐러드유에 8분간 튀긴다. 건져서 남은 열로 3분간 더 익힌다.

***2 돈가스 소스**

시판 돈가스 소스(3.6ℓ), 복숭아 통조림(총중량 425g인 4호 캔 1개, 국물은 사용하지 않는다), 망고 통조림(4호 캔 1개, 국물은 사용하지 않는다), 소테한 양파(500g)를 믹서에 갈아 퓌레를 만들어 끓인다.

***3 하카타 명란 마카로니 샐러드**

시판 마카로니 샐러드, 명란 소스(시판품), 마요네즈, 일본 겨자, 채 썬 채소(적당량씩)를 섞는다.

HOW TO MAKE

1 빵 위에 칼집을 낸다.

2 첫 번째 칸에 풀드포크, 어린잎, 브로콜리 새싹, 마요네즈를 넣는다.

3 두 번째 칸에 등심 돈가스, 돈가스 소스, 코울슬로, 마요네즈를 넣는다.

4 세 번째 칸에 하카타 명란 마카로니 샐러드를 넣는다. 이탈리안 파슬리를 뿌린다.

맛있는 요리 빵 베이커리 하나비

통 우엉조림 피셀 샌드위치

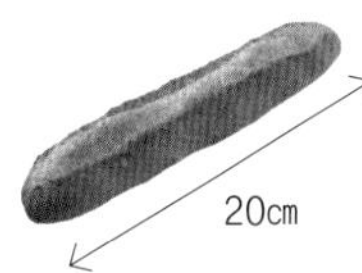

사용하는 빵

피셀

여성도 먹기 편한 크기의 바게트 샌드위치를 만들기 위해, 바게트 반죽(60쪽 참조)을 길쭉한 피셀로 성형했다. 겉은 바삭하고 크리스피한 식감이 난다.

'우엉조림'을 재구축한 샌드위치. 달콤 짭짤하게 익힌 후 돼지고기로 말아서 구운 우엉과 당근 라페를, 길쭉해서 먹기 편한 피셀 속에 넣었다. 길이 20㎝의 우엉은 씹는 맛과 진한 향 덕분에 돼지고기의 감칠맛, 당근 라페의 상큼한 산미와 잘 어우러진다. 수제 머스터드의 톡톡 터지는 식감도 포인트.

INGREDIENT

피셀 …… 1개
마요네즈 …… 10g
프릴 상추 …… 1장
우엉 고기 말이*1 …… 1개
당근 라페*2 …… 40g
홀그레인 머스터드*3 …… 1작은술
참깨 …… 약간

***1 우엉 고기 말이**

우엉은 약 20㎝ 길이로 자르고, 청주, 간장, 미림을 같은 비율로 섞은 양념에 5분 정도 익힌다. 불을 끄고 그대로 식힌다. 얇은 돼지 등심(약 30g)을 펼치고, 끝부터 우엉을 말아서 프라이팬에 굽는다.

***2 당근 라페**

당근(채 썬 것) …… 5개 분량
화이트 와인 비니거 …… 500㎖
오렌지주스 …… 100㎖
백설탕, 소금 …… 1자밤씩
재료를 섞어서 1시간 정도 재운다.

***3 홀그레인 머스터드**

겨자씨(갈색, 노란색)에 화이트 와인 비니거를 바특하게 붓고, 월계수 잎을 넣어 실온에서 3일 동안 절인다.

HOW TO MAKE

1 빵 위에 칼집을 내고, 모든 단면에 마요네즈를 바른다.

2 프릴 상추와 우엉 고기 말이를 넣는다.

3 프릴 상추 반대쪽에 당근 라페를 넣는다. 가운데에 홀그레인 머스터드를 얹고, 참깨를 고루 뿌린다.

팽 가라토 블랑제리 카페

머스터드 향을 더한 시금치와 우엉 볶음 샌드위치

사용하는 빵

도그 빵

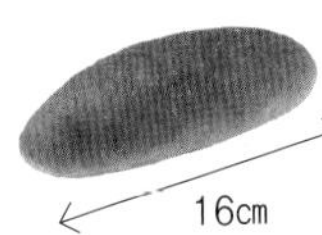

맥아 분말이 든 강력분에 전립분 30%, 밀 배아 0.1%, 옥수숫가루 5%를 배합한 포카치아 반죽을 도그 형태로 성형했다. 구수한 빵이 시금치와 우엉의 풍미와 잘 어울린다.

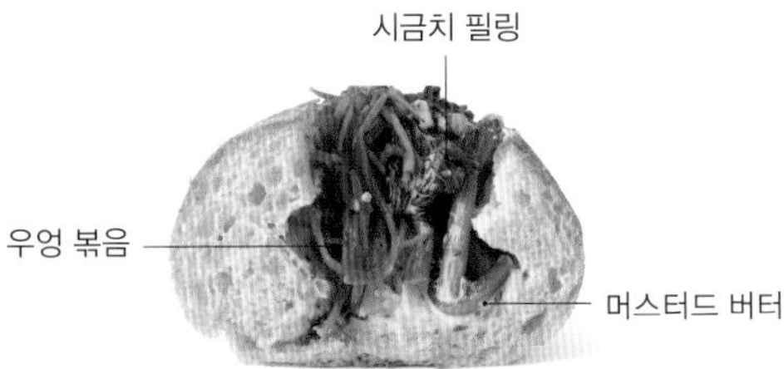

인기 있는 '시금치 샌드위치'에 우엉 볶음을 조합했다. 시금치는 데치면 섬유질이 파괴되어 아무리 꽉 짜도 물이 나오기 쉽다. 저온으로 볶으면 섬유질이 필요 이상으로 파괴되지 않아 물이 잘 배어 나오지 않는다. 시금치의 향과 풍미를 지키기 위해 찬물에 담그지 않고 식히는 것도 포인트.

INGREDIENT

도그 빵 …… 1개
머스터드 버터(시판품) …… 4g
시금치 필링*1 …… 55g
우엉 볶음*2 …… 35g

***1 시금치 필링**

시금치 …… 2㎏
A 베이컨(채 썬 것) …… 500g
마요네즈 …… 500g
홀그레인 머스터드 …… 180g
소금 …… 12g
백후추 …… 8g

1 시금치는 4㎝ 폭으로 큼직하게 썬다. 프라이팬에 올리브유를 두르고, 줄기 부분을 먼저 넣고 노릇한 색이 나지 않게 약불로 볶는다. 익으면 잎을 넣어 볶고, 바로 불을 끈다.
2 1을 배트에 펼치고 급속 냉동고에서 급랭한다. A를 넣고 버무린다.

***2 우엉 볶음**

우엉 …… 200g
당근 …… 50g
참기름 …… 1큰술
A 간장 …… 1.5큰술
설탕 …… 1.5큰술
미림 …… 1큰술
참깨 …… 적당량

우엉, 당근은 껍질째 잘게 채 썬다. 프라이팬에 참기름을 둘러 달구고, 우엉과 당근을 볶는다. A를 넣고, 프라이팬을 충분히 흔들어 양념을 고루 입힌다. 참깨를 넣고 섞는다.

HOW TO MAKE

1 빵 위에 칼집을 내고, 모든 단면에 머스터드 버터를 바른다.

2 시금치 필링을 한쪽에 몰아서 채워 넣고, 반대쪽에 우엉 볶음을 채워 넣는다.

베이크하우스 옐로나이프

닭고기 완자와 우엉 볶음 샌드위치

15cm
35cm

사용하는 빵

몰라세스 브레드

몰라세스 설탕과 버터를 넣은 반죽에 포피시드와 블루 포피시드, 참깨 등 6가지 잡곡을 배합했다. 사워종의 은은한 산미와 몰라세스 설탕의 진한 향과 단맛, 잡곡의 톡톡 터지는 식감이 특징이다.

데리야키 풍미의 닭고기 완자와 우엉 볶음, 달걀말이라는 일본식 반찬에 올리브유로 조미한 당근 라페, 구운 가지와 파프리카를 더해 하드 빵과 잘 어우러지게 했다. 닭고기 완자를 3개, 달걀말이도 달걀 2개 분량을 담아서 도시락을 먹는 듯한 만족감을 준다.

INGREDIENT

몰라세스 브레드
(2cm 두께로 자른 것) …… 2장
마요네즈 …… 3.5g
닭고기 완자*1 …… 3개
우엉 볶음*2 …… 30g
달걀말이(35쪽 참조)
…… 2조각
적상추 …… 10g
당근 라페(112쪽 참조)
…… 50g
구운 가지*3 …… 2조각
구운 빨강 파프리카*3 …… 1조각

***1 닭고기 완자**

다진 닭고기(1kg), 다진 양파(1/2개 분량), 빵가루(1컵), 우유(50mℓ), 달걀(1개), 간장(1큰술), 소금(1작은술), 후추(약간)를 잘 섞고, 40g씩 둥글게 빚는다. 프라이팬에 해바라기씨유를 둘러 달구고, 둥글린 고기를 굽는다. 노릇해지면 데리야키 양념(간장, 미림, 청주, 설탕 2큰술씩)을 넣고 묻힌다.

***2 우엉 볶음**

우엉(1대)을 돌려가며 썰고 물에 담근다. 프라이팬에 참기름(1큰술)을 둘러 달구고, 홍고추(1/2개)와 우엉을 볶는다. 청주(1큰술), 미림(1큰술), 간장(1큰술), 설탕(2작은술)을 넣고, 물기가 사라질 때까지 조린다.

***3 구운 가지와 빨강 파프리카**

가지는 돌려가며 썰고, 빨강 파프리카는 채 썬다. 엑스트라 버진 올리브유, 소금, 흑후추를 뿌리고, 180℃ 오븐에 20분간 굽는다. 발사믹 식초를 뿌려 마무리한다.

HOW TO MAKE

1 빵 1장에 마요네즈를 바른다. 닭고기 완자, 우엉 볶음, 달걀말이, 적상추를 올리고, 남은 빵 1장을 덮어서 종이로 감싼다.

2 당근 라페, 구운 가지와 구운 빨강 파프리카를 사이에 끼워 넣는다.

생 드 구르망

키슈

사용하는 빵

캉파뉴

은은한 산미와 부드러운 식감이 먹기 편한 '캉파뉴'는 인근 베이커리 '페니 레인 소라마치점'에서 구입한다.

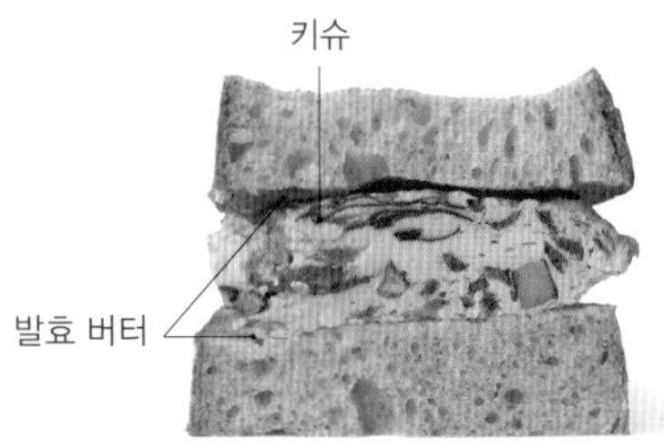

양파와 베이컨, 시금치를 풍성하게 넣은 아파레유를 프라이팬에 구워 빵 사이에 큼직하게 넣은, 정통 키슈의 형태를 닮은 독특한 샌드위치. 갈색이 될 때까지 볶은 양파의 단맛과 베이컨의 감칠맛이 달걀의 고소함과 어우러지고, 부드럽게 씹히는 캉파뉴와도 잘 맞는다.

INGREDIENT

캉파뉴(2㎝ 두께로 자른 것) …… 2장
발효 버터 …… 10g
키슈*1 …… 1조각

***1 키슈(4개 분량)**
베이컨 …… 100g
양파 …… 1개
시금치 …… 1/3팩
A 달걀 …… 4개
우유 …… 125㎖
생크림(유지방분 35%) …… 125㎖
버터 …… 10g

1 베이컨을 5㎜ 폭으로 썰고, 프라이팬에 볶는다. 얇게 썬 양파를 넣고, 갈색이 될 때까지 볶는다.
2 시금치를 2㎝ 폭으로 썰고, 1에 넣어 살짝 볶는다.
3 A를 섞어서 아파레유를 만들고, 2를 넣고 섞는다.
4 지름 18㎝ 프라이팬에 버터를 녹이고, 3의 절반을 부어 넣어 표면을 데운다.
5 220℃ 오븐에 10분 동안 굽는다. 둥글게 구운 키슈를 반으로 자른다.

HOW TO MAKE

1 빵 2장에 각각 발효 버터를 바른다.

2 1의 2장 중 1장에 키슈를 올린다. 남은 빵 1장을 발효 버터를 바른 면이 아래로 가게 해서 덮는다.

saint de gourmand

생 드 구르망

코르동 블뢰

사용하는 빵

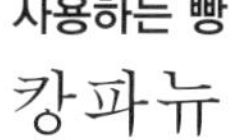

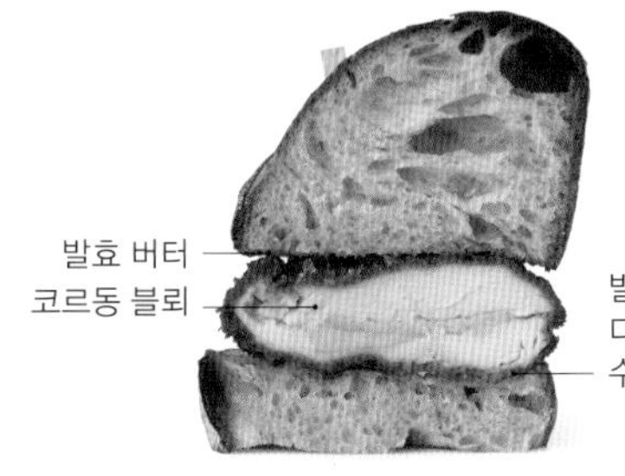

얇게 두드린 고기 사이에 햄과 치즈를 넣은 프랑스식 커틀릿 '코르동 블뢰'에, 잘라낸 캉파뉴의 끄트머리를 덮어 햄버거 같은 모양새로 만들었다. 닭가슴살 100g을 사용한 커틀릿의 압도적 존재감이 매력이다. 소스는 약간의 머스터드와 마요네즈만 넣어 고기의 감칠맛을 뒷받침한다.

INGREDIENT

캉파뉴 …… 끄트머리 부분(두께 6㎝)과 가운데 부분(두께 2㎝)을 자른 것 1장씩
발효 버터 …… 10g
디종 머스터드 …… 5g
수제 마요네즈*1 …… 5g
코르동 블뢰*2 …… 1개

***1 수제 마요네즈**

달걀노른자 …… 1개 분량
화이트 와인 비니거 …… 15㎖
디종 머스터드 …… 15g
샐러드유 …… 200㎖
소금, 흑후추 …… 적당량씩
재료를 섞는다.

***2 코르동 블뢰**

닭가슴살(다이센 닭고기) …… 약 200g
햄 …… 1/2장
그뤼에르 치즈 …… 5g
밀가루 …… 적당량
달걀 …… 적당량
수제 빵가루(151쪽 참조) …… 적당량
소금 …… 적당량

1 닭가슴살의 껍질을 벗기고, 두드려 평평하게 만든다.
2 밀가루를 고루 뿌리고, 닭고기 아래쪽에 햄과 그뤼에르 치즈를 올린다. 닭고기를 위에서 아래로 접어서 재료를 감싼다. 고기 겉면에도 밀가루를 뿌리고, 달걀, 수제 빵가루 순으로 옷을 입힌다.
3 165℃ 튀김 기름에 4분간, 위아래를 뒤집어서 다시 4분간 튀긴다. 뜨거울 때 소금을 뿌린다.

HOW TO MAKE

1 빵은 2㎝ 두께로 자른 것을 아래로, 6㎝ 두께로 자른 것을 위로 한다. 각각 안쪽 면에 발효 버터를 바른다.

2 아래가 되는 빵에 디종 머스터드와 마요네즈를 짜고, 코르동 블뢰를 올린다.

블랑 아 라 메종

코르동 블뢰, 사보이 양배추, 데미글라스 소스

사용하는 빵

사이타마 도키가와쵸의 유기농 밀가루 빵

사이타마 도키가와쵸에서 유기농으로 재배한 밀가루와 구마모토산 미나미노카오리를 혼합했다. 쌀가루 탕종을 넣고 오토리즈를 3시간 주어 충분히 흡수시킨 후, 스트레이트법으로 반죽해 폭신하고 가벼운 맛을 냈다. 숙성 누룩 소금을 넣어 밀가루의 감칠맛도 끌어낸다.

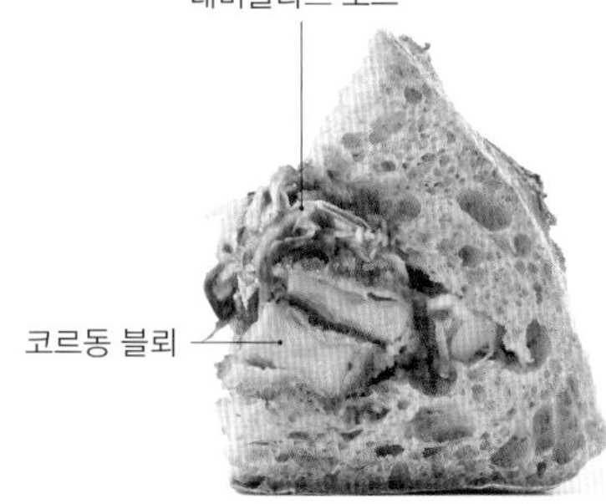

'양식당의 맛을 손쉽게 즐기자'라는 주제로, 본래 송아지 고기로 만드는 프랑스식 커틀릿 '코르동 블뢰'를 돼지 등심으로 응용해 친숙한 맛을 냈다. 사보이 양배추는 꿀 비네그레트에 버무리고, 소스는 시판 데미글라스 소스에 히비스커스의 화사한 향을 더하는 비법으로 제대로 된 맛을 냈다.

INGREDIENT

사이타마 도키가와쵸의 유기농 밀가루 빵 …… 1/2개
코르동 블뢰*1 …… 1개(아래와 같이 만들어 반을 자른다)
사보이 양배추 수제 꿀 비네그레트 마리네*2 …… 25g
데미글라스 소스*3 …… 10g

***1 코르동 블뢰(2개 분량)**

돼지 등심(100g)에 칼집을 넣어 넓게 펼치고, 소금과 흑후추를 뿌린다. 고기를 두드려 평평하게 만들고, 한쪽 면에 그뤼에르 치즈, 생햄, 바질 잎(적당량씩)을 올린다. 돼지고기를 접어서 재료를 감싸고, 밀가루, 푼 달걀, 빵가루(적당량씩) 순으로 옷을 입힌다. 샐러드유를 둘러 달군 프라이팬에 넣고 양면에 구운 색을 낸다. 190℃ 오븐에 2분간 굽다가 160℃로 낮춰서 1분간 더 굽는다.

***2 사보이 양배추 수제 꿀 비네그레트 마리네**

잘게 채 썬 사보이 양배추를 수제 꿀 비네그레트(75쪽 참조)에 버무린다.

***3 데미글라스 소스**

시판 데미글라스 소스, 버터, 우스터 소스, 히비스커스(건조)를 함께 데운다. 끓으면 약불로 5분 정도 졸이고, 체에 거른다.

HOW TO MAKE

1 빵을 가로로 반을 자르고, 단면에 칼집을 낸다. 코르동 블뢰를 넣는다.

2 사보이 양배추 수제 꿀 비네그레트 마리네를 올리고, 데미글라스 소스를 끼얹는다.

과일 & 디저트
샌드위치

BRAND-NEW SANDWICH

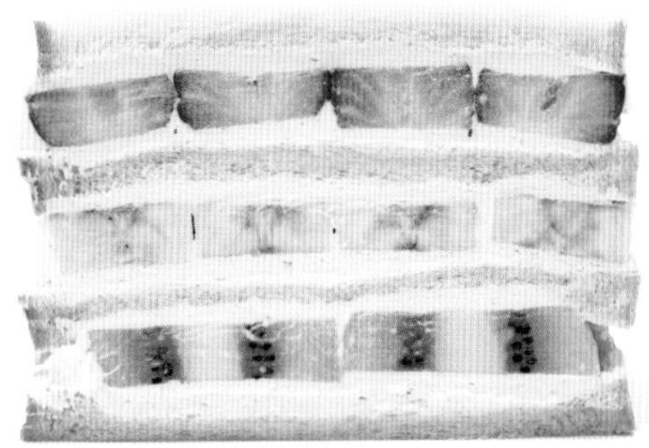

샌드위치 앤 코

딸기와 휘핑크림

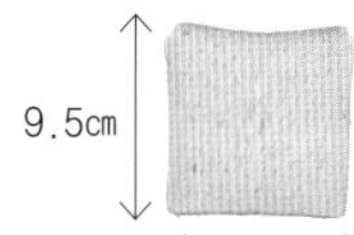

사용하는 빵

흰 식빵(작은 것)

푸짐한 재료를 잘 감싸기 위해 적당히 탄력 있는 식빵을 채택했다. 반찬 계열을 넣을 때는 1.5㎝ 두께로, 과일을 넣을 때는 1.2㎝ 두께로 자른다. '빵의 가장자리도 맛의 요소'로 여겨서, 가장자리를 그대로 두고 재료를 채우는 것이 이곳의 원칙.

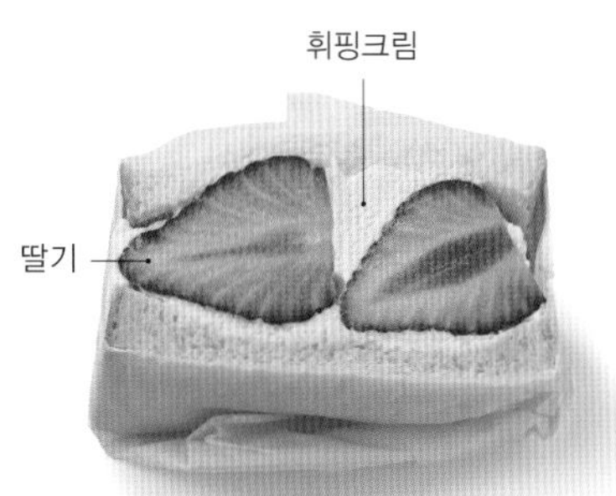

자신의 아이에게도 안심하고 먹일 수 있는 심플한 맛을 고수해, 재료는 딸기, 생크림, 사탕수수 설탕뿐이다. 딸기의 맛을 만끽하도록 듬뿍 넣는다. 휘핑크림의 밀키한 맛과 딸기 과즙의 새콤달콤한 맛의 대비가 재미있다.

INGREDIENT 2개 분량

흰 식빵(작은 것) …… 2장
휘핑크림*1 …… 2큰술
딸기 …… 4알

***1 휘핑크림**
생크림(유지방분 35%) 중량의 10%만큼 사탕수수 설탕을 넣고, 거품을 단단히 올린다.

HOW TO MAKE

1 빵 2장에 각각 휘핑크림을 바른다.

2 딸기는 2알은 그대로 두고, 2알은 반으로 자른다.

3 1의 빵 1장의 가운데에 자르지 않은 딸기를 세로로 늘어놓고, 네 귀퉁이에 자른 딸기를 놓는다.

4 남은 빵 1장의 휘핑크림을 바른 쪽이 아래로 가게 덮는다. 종이로 감싸서 반으로 자른다.

샌드위치 앤 코

바나나와 마스카르포네

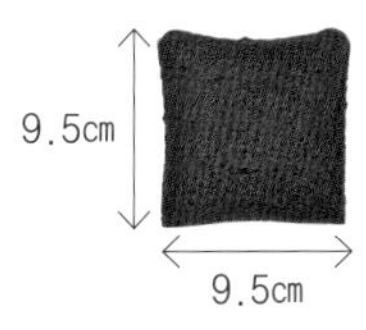

사용하는 빵

검은 식빵(작은 것)

캐러멜을 넣어 달콤쌉쌀한 식빵. 어린이도 먹기 편하도록 대부분의 샌드위치는 '절반' 크기도 준비하기 때문에, 보통보다 조금 작은 식빵을 사용한다.

하나를 통째로 넣은 바나나와, 산뜻하면서 감칠맛 나는 마스카르포네 치즈를 함께 맛보는 샌드위치. 검은색과 노란색의 대비는 쇼케이스에서도 한눈에 띄는 존재. 달달한 향이 나는 검은 식빵을 사용하고, 바나나에는 특유의 향이 강하지 않은 아가베 시럽을 묻혀서 맛의 깊이를 더했다.

INGREDIENT 2개 분량

검은 식빵(작은 것) …… 2장
마스카르포네 치즈
…… 2큰술보다 조금 적게
바나나 …… 1개
아가베 시럽 …… 적당량

HOW TO MAKE

1 빵 2장에 각각 마스카르포네 치즈를 바른다.

2 바나나를 반으로 잘라서 아가베 시럽을 묻힌다.

3 1의 빵 1장에 2를 올리고, 남은 빵 1장을 마스카르포네 치즈가 아래로 가게 해서 덮는다. 종이로 감싸서 반으로 자른다.

모어댄 베이커리

비건 과일 샌드위치

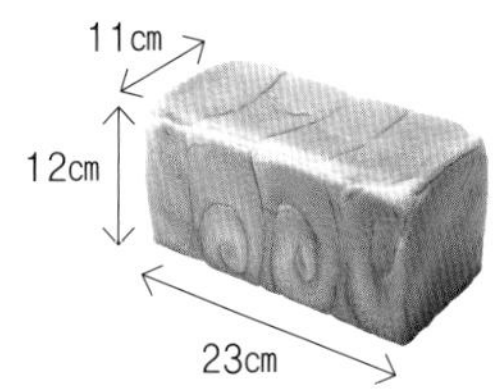

사용하는 빵

식빵

볼륨과 차진 식감을 내는 홋카이도산 유메치카라를 주재료로 사용한다. 르뱅종을 사용하고, 탕종법으로 촉촉하고 쫄깃한 식감을 냈다. 얇아서 씹는 맛이 좋은 가장자리는 잘라내지 않고 샌드위치에 그대로 사용한다.

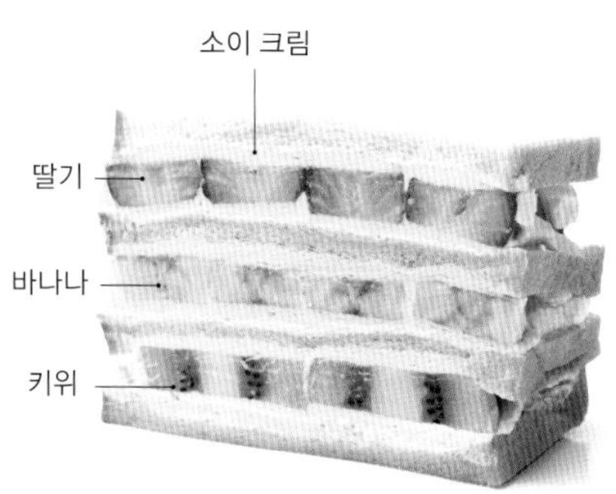

밀푀유를 형상화해, 식빵과 과일, 소이 크림을 7층으로 쌓은 비건 샌드위치. 소이 크림에는 깊은 맛의 두유 휘핑크림을 사용하고, 라즈베리 리큐르로 콩의 잡냄새를 잡았다. 거품을 단단히 낸 크림과 두께를 서로 맞춘 과일을 균등하게 쌓아서 예쁜 단면을 완성한다.

INGREDIENT 2개 분량

식빵(1㎝ 두께로 자른 것) …… 4장
키위(얇게 썬 것)*1 …… 2조각
바나나*1 …… 1/2개
딸기*1 …… 2개
소이 크림*2 …… 150g

***1 키위, 바나나, 딸기**

1 키위는 꼭지를 제거하고 껍질을 벗겨서 세로로 4등분한다(두께 약 1㎝).
2 바나나와 딸기는 1㎝ 두께로 둥글게 썬다.

***2 소이 크림**

두유 휘핑크림 …… 2ℓ
설탕(세쌍당) …… 200g
키르슈 …… 5g
두유 휘핑크림에 설탕을 넣고 80%까지 거품을 낸다. 키르슈를 넣어 단단히 거품을 낸다.

HOW TO MAKE

1 빵 1장에 소이 크림을 25g 짜서 펴 바른다. 가운데에 키위를 2조각 놓고, 그 위에 소이 크림을 25g 짜서 펴 바른다.

2 1의 위에 빵 1장을 덮고, 소이 크림을 25g 짜서 펴 바른다. 가운데에 바나나를 일렬로 늘어놓고, 나머지는 좌우로 균형 있게 늘어놓는다. 그 위에 소이 크림을 25g 짜서 펴 바른다.

3 2의 위에 빵 1장을 덮고, 소이 크림을 25g 짜서 펴 바른다. 가운데에 딸기를 일렬로 늘어놓고, 나머지는 좌우로 균형 있게 늘어놓는다. 그 위에 소이 크림을 25g 짜서 펴 바른다. 남은 빵 1장을 덮는다.

4 키위의 긴 변이 좌우에 보이도록 반으로 자른다.

모어댄 베이커리

비건 AB&J

사용하는 빵

캉파뉴

2가지 일본산 밀가루를 사용한다. 홋카이도산 기타노카오리 전립분을 25% 배합한 캉파뉴는 수제 르뱅종으로 장시간 발효한다. 쫄깃한 식감과 적당한 산미, 밀가루의 단맛은 짭짤한 재료와도, 달달한 재료와도 어울린다.

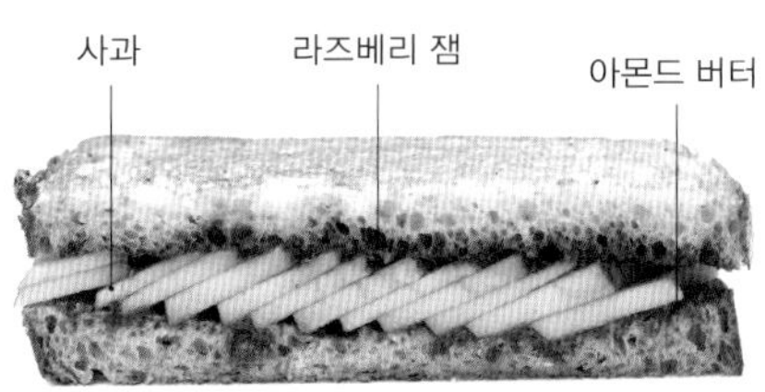

미국의 대표 샌드위치인 '땅콩버터 & 젤리(PB&J)'를 응용했다. 적당히 시큼한 캉파뉴에 견과류의 고소함이 풍부한 수제 아몬드 버터와 라즈베리 잼을 바르고, 껍질째 얇게 썬 사과를 빵 사이에 담았다. 계절에 따라 사과 대신 자몽이나 복숭아를 넣는 버전도 제공한다.

INGREDIENT

캉파뉴(1.5㎝ 두께로 자른 것) …… 2장
아몬드 버터(144쪽 참조) …… 20g
라즈베리 잼*1 …… 30g
사과*2 …… 1/2개
비건 버터 …… 적당량

***1 라즈베리 잼**

라즈베리 …… 100g
냉동 라즈베리 퓌레 …… 100g
그래뉴당 …… 100g
냄비에 재료를 넣은 다음, 저으면서 중불로 가열한다. 걸쭉해질 때까지 조린다.

***2 사과**

심을 제거하고, 세로로 반을 자른다. 5㎜ 두께로 썬다.

HOW TO MAKE

1 아래가 되는 빵에 아몬드 버터를 바른다.

2 자른 사과는 비스듬히 비켜서 겹쳐 올린다.

3 남은 빵 1장에 라즈베리 잼을 바르고, 잼을 바른 면이 아래로 가게 해서 2에 덮는다.

4 비건 버터를 바른 핫 프레스 기계에 굽고, 세로로 길게 반을 자른다.

CICOUTE BAKERY

치쿠테 베이커리

유기농 바나나, bocchi* 땅콩 페이스트, 리코타 치즈 샌드위치

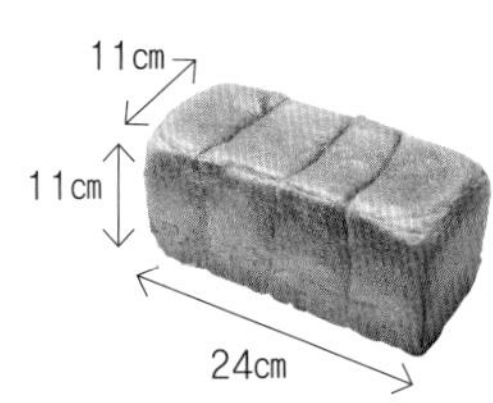

사용하는 빵

식빵

'1장만 먹어도 든든한 식빵'을 만들기 위해 2가지 홋카이도산 강력분과 우유, 발효 버터, 사탕수수 설탕, 르뱅 리퀴드, 건포도 액종을 배합했다. 장시간 발효해서 쫄깃하고 포만감이 있다.

땅콩 페이스트(가당)
리코타 치즈
바나나, 카소나드, 시나몬 파우더

두툼하게 자른 바나나와 가당 땅콩 페이스트, 리코타 치즈를 넣은 과일 샌드위치. 쫄깃한 식감의 식빵은 살짝 토스트해서 바삭하게 씹힌다. 바나나는 레몬즙, 카소나드(천연 설탕), 시나몬 파우더에 마리네해서 달달함 속에 알싸한 감칠맛과 산미가 느껴진다.

* 일본의 땅콩 가공품 전문 브랜드.

INGREDIENT 2개 분량

식빵(슬라이스)*1 …… 2장
땅콩 페이스트(가당) …… 25g
리코타 치즈 …… 40g
바나나(둥글게 썬 것)*2 …… 7조각
카소나드 …… 적당량
시나몬 파우더 …… 적당량

***1 식빵**

통 식빵의 양 끝을 잘라내고, 8장으로 썬다. 분무기로 물을 뿌리고, 240℃ 오븐에 3~5분간 구워서 겉을 바삭하게 만든다.

***2 바나나**

바나나 …… 적당량
레몬즙 …… 적당량
바나나의 껍질을 벗기고 3㎝ 두께로 둥글게 썬다. 레몬즙을 두른다.

HOW TO MAKE

1 빵 1장에 땅콩 페이스트를 바른다.

2 남은 빵 1장에 리코타 치즈를 바른다.

3 1의 가운데에 바나나를 3조각 올리고, 양 끝에 2조각씩 올린다.

4 바나나 위에 카소나드, 시나몬 파우더를 뿌린다.

5 한 줄로 늘어놓은 바나나의 단면이 보이게 반을 자른다.

치쿠테 베이커리

작은 딸기와 bocchi 땅콩 페이스트 타르틴

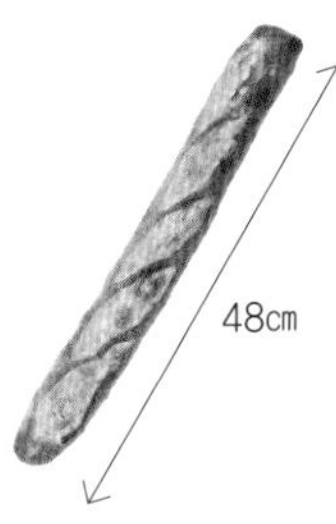

사용하는 빵

바게트

기타노카오리 100% 밀가루와 맷돌로 간 밀가루 등, 홋카이도산 밀가루 4가지를 혼합했다. 르뱅 리퀴드와 건포도 액종으로 저온에서 장시간 발효해, 크럼은 쫄깃하고 부드러우며 크러스트는 씹는 맛이 좋다.

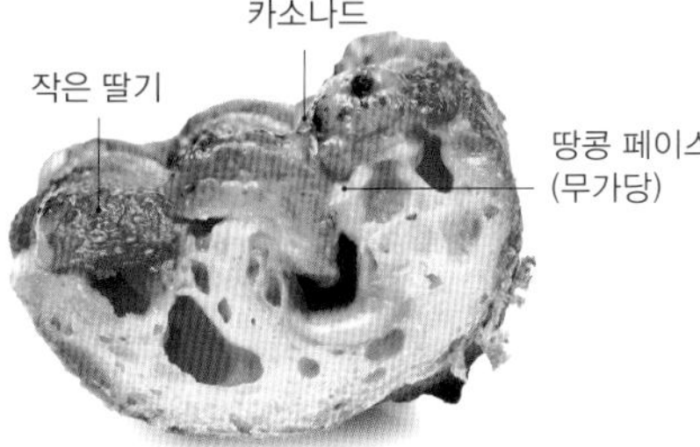

색깔도 예쁜 디저트 느낌의 타르틴. 카소나드와 시나몬 파우더, 레몬즙으로 마리네한 딸기는 새콤달콤하고 과즙이 풍부하다. 바게트에 무가당 땅콩 페이스트를 바르고, 마무리로 가당 땅콩 페이스트를 끼얹고 캐러멜리제해서 감칠맛이 나면서도 너무 달지 않게 완성했다.

INGREDIENT

바게트*1 …… 1/6개
땅콩 페이스트(무가당) …… 18g
작은 딸기*2 …… 50g
땅콩 페이스트(가당) …… 5~8g
카소나드 …… 적당량

***1 바게트**

가로로 3등분하고, 다시 위아래로 반을 자른다.

***2 작은 딸기**

딸기 …… 1㎏
카소나드 …… 적당량
시나몬 파우더 …… 적당량
레몬즙 …… 45g

1 딸기는 꼭지를 떼고, 세로로 반을 자른다.
2 1을 밀폐용기에 넣고, 카소나드와 시나몬 파우더를 넣어 버무린다.
3 레몬즙을 끼얹고, 뚜껑을 덮어서 맛이 스며들게 한다. 냉장실에서 하룻밤 동안 재운다.

HOW TO MAKE

1 빵에 땅콩 페이스트(무가당)를 바른다.

2 작은 딸기를 늘어놓고, 땅콩 페이스트(가당)를 사선을 그리며 끼얹는다.

3 240℃ 오븐에 5~6분간 굽는다.

4 카소나드를 뿌리고, 토치로 그슬려 캐러멜리제한다.

비버 브레드

딸기와 레어 치즈

사용하는 빵

소금빵

우유, 버터, 날걀을 넣은, 은은한 단맛의 팽 오 레 반죽으로 가염 버터를 감싸서 노릇하게 구운 롤빵. 버터가 녹아서 생긴 공간에 재료를 듬뿍 넣을 수 있고, 버터를 바르는 수고도 덜 수 있다.

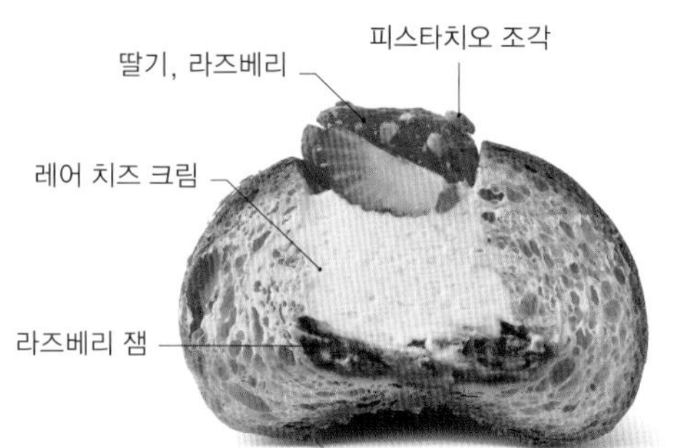

진한 맛의 치즈 크림과 당도를 줄인 라즈베리 잼을 버터 풍미가 가득한 빵에 넣고, 딸기와 라즈베리를 화사하게 토핑했다. 피스타치오를 뿌려 식감에 재미를 준 과일 샌드위치. 레어 치즈 크림에는 요구르트와 레몬즙을 넣어 과일에 어울리는 상큼한 맛을 냈다.

INGREDIENT

소금빵 …… 1개
라즈베리 잼*1 …… 20g
레어 치즈 크림*2 …… 40g
딸기*3 …… 작은 것 3알
라즈베리*3 …… 1알
나파주 …… 적당량
피스타치오 조각 …… 적당량

***1 라즈베리 잼**

냉동 라즈베리 홀 …… 200g
냉동 딸기 퓌레 …… 100g
그래뉴당 …… 80g
레몬즙 …… 30g
냄비에 모든 재료를 넣고 나무 주걱으로 저으며 중불로 가열한다. 농도가 걸쭉해질 때까지 조린다.

***2 레어 치즈 크림**

크림치즈 …… 100g
무가당 요구르트(물기를 뺀 것) …… 50g
사탕수수 설탕 …… 50g
레몬즙 …… 10g
생크림 …… 200g

1 실온 상태로 만든 크림치즈와 물기를 뺀 무가당 요구르트, 사탕수수 설탕, 레몬즙을 잘 섞는다.
2 60%까지 거품을 낸 생크림을 1에 넣고 섞는다.

***3 딸기, 라즈베리**

딸기와 라즈베리는 반을 자른다.

HOW TO MAKE

1 빵 위에 칼집을 내고, 바닥에 라즈베리 잼을 바른다. 레어 치즈 크림을 넣는다.

2 딸기와 라즈베리를 레어 치즈 크림 위에 늘어놓는다.

3 딸기와 라즈베리에 나파주를 바르고, 피스타치오 조각을 뿌린다.

비버 브레드

천혜향과 다르질링

사용하는 빵

소금빵

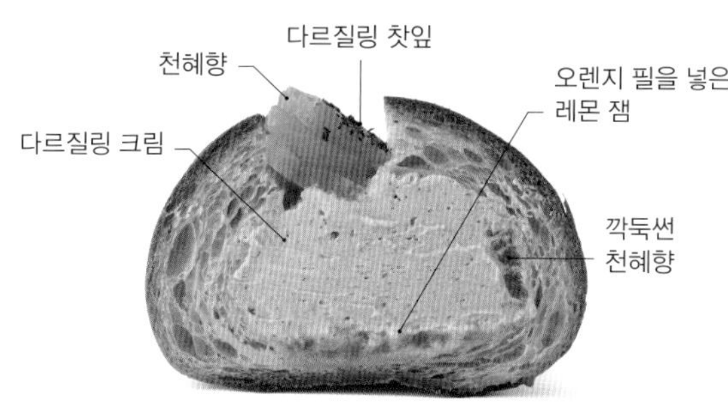

과즙이 많고 달콤한 천혜향, 다르질링 풍미의 크렘 샹티이, 레몬 잼을 버터 풍미가 가득한 빵 속에 넣은 과일 샌드위치. 다르질링의 달고 산뜻한 향과 은은한 떫은맛, 생크림의 크리미한 질감이 천혜향의 부드러운 식감과 풍부한 맛을 끌어올린다.

INGREDIENT

소금빵 …… 1개
오렌지 필을 넣은 레몬 잼*1 …… 15g
천혜향*2 …… 1/2개
다르질링 크림*3 …… 40g
다르질링 찻잎 …… 적당량

***1 오렌지 필을 넣은 레몬 잼**

오렌지 필 …… 20g
레몬 잼 …… 20g

1 오렌지 필을 다진다.
2 레몬 잼에 1을 넣고 섞는다.

***2 천혜향**

과육을 떼어내고, 5㎜ 두께로 썬다. 과육 중 1쪽은 깍둑썬다.

***3 다르질링 크림**

다르질링 찻잎 …… 40g
생크림 …… 1㎏
그래뉴당 …… 130g

1 냄비에 모든 재료를 넣고, 중불에 올려서 끓인다. 불을 끄고, 뚜껑을 덮어 5분간 뜸을 들인다.
2 1을 체에 걸러서 식힌다. 랩을 씌우고 냉장실에서 하룻밤 동안 재운다.
3 사용할 만큼 덜어서 80%까지 거품을 올린다.

HOW TO MAKE

1 빵 위에 칼집을 내고, 바닥에 오렌지 필을 넣은 레몬 잼을 바른다.

2 깍둑썬 천혜향을 3조각 넣은 다음, 다르질링 크림을 짜 넣는다.

3 얇게 썬 천혜향을 늘어놓고, 잘게 부순 다르질링 찻잎을 뿌린다.

모어댄 베이커리

티라미수 베이글 샌드위치

사용하는 빵

초콜릿 베이글

홋카이도산 밀가루에 카카오 파우더와 르뱅 리퀴드를 넣고 장시간 발효한다. 쫀득한 식감과 카카오의 향이 인상적인 뉴욕 스타일 베이글. 단맛을 줄인 반죽은 크림치즈에 잘 어울린다.

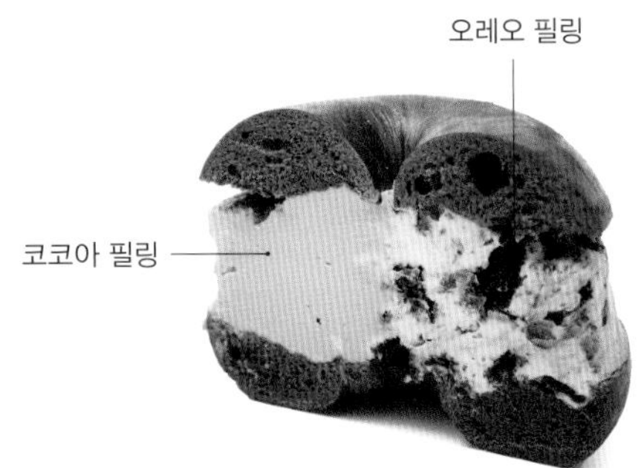

초콜릿 베이글에 에스프레소를 발라서 커피 향을 더했다. 크림치즈 베이스 필링을 듬뿍 채운 티라미수 풍미의 샌드위치. 필링은 코코아, 오레오와 초코칩 2가지를 채워 넣어 맛이 단조롭지 않고, 보기에도 인상적이다.

INGREDIENT 2개 분량

초콜릿 베이글 …… 1개
에스프레소 …… 5g
코코아 필링*1 …… 130g
오레오 필링*2 …… 130g

***1 코코아 필링**

크림치즈 베이스*3 …… 220g
그래뉴당 …… 36g
코코아 파우더 …… 2g
크림치즈 베이스에 그래뉴당, 코코아 파우더를 넣고 섞는다.

***2 오레오 필링**

크림치즈 베이스*3 …… 200g
오레오 …… 4개
유기농 초코칩 …… 20g

1 크림치즈 베이스에 손으로 잘게 부순 오레오를 넣고 섞는다.
2 유기농 초코칩을 넣고 섞는다.

***3 크림치즈 베이스**

크림치즈 …… 100g
우유 …… 13g
실온 상태로 만든 크림치즈에 우유를 넣고 섞는다.

HOW TO MAKE

1 빵에 가로로 칼을 대고 위아래를 균등하게 가른다. 아랫면에 솔로 에스프레소를 바른다.

2 1의 반에 코코아 필링을, 남은 반에 오레오 필링을 담는다. 위가 되는 빵을 덮는다.

3 필링 옆면을 고르게 정돈하고, 2가지 필링을 중심으로 반을 자른다.

그루페토

로키로드 초코 멜론빵

사용하는 빵

초코 멜론빵

버터 3절 접기를 10회 진행해 공기가 차 있는 듯 가벼운 식감의 브리오슈 반죽을 사용했다. '로키로드'에 어울리게 블랙 코코아 파우더와 코코넛 가루를 넣은 쿠키 반죽을 덮어서 구웠다.

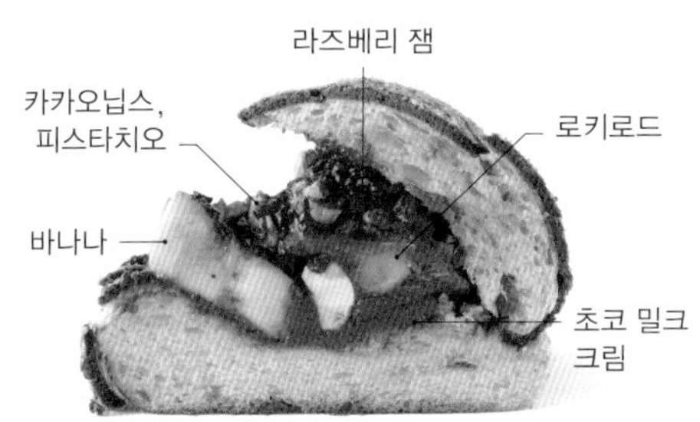

해외 레시피 책에서 본, 마시멜로와 견과류를 초콜릿에 굳힌 '로키로드'를 참고로 고안했다. 로키로드의 단면이 보이도록 사방 3㎝로 큼직하게 깍둑썰어 넣었다. 초콜릿에 어울리는 바나나도 넣고, 피스타치오와 라즈베리 잼으로 화사하게 마무리했다.

INGREDIENT

초코 멜론빵 …… 1개
초코 밀크 크림*1 …… 20g
바나나 …… 20g
로키로드(사방 3㎝로 깍둑썬 것)*2 …… 3개(54g)
라즈베리 잼 …… 10g
카카오닙스 …… 약간
피스타치오 …… 약간

***1 초코 밀크 크림**

버터 …… 450g
연유 …… 400g
생크림(유지방분 35%) …… 50g
커버춰 초콜릿(카카오 함량 65%) …… 450g

버터에 연유, 생크림을 넣고 섞는다(A). 녹인 커버춰 초콜릿과 A를 1:2 비율로 섞어서 식힌다.

***2 로키로드**

커버춰 초콜릿(카카오 함량 40%) …… 700g
A 마시멜로 …… 140g
라즈베리(과립) …… 70g
말린 크랜베리 …… 70g
피스타치오(조각) …… 70g
통 아몬드 …… 70g
통 마카다미아 …… 70g
통 호두 …… 70g

커버춰 초콜릿을 녹이고, 뜨거울 때 A를 넣고 섞는다. 배트에 붓고, 차갑게 굳힌다. 사방 3㎝로 깍둑썬다.

HOW TO MAKE

1 빵에 가로로 칼집을 내고, 짤주머니에 담은 초코 밀크 크림을 아랫면에 짠다. 1.5㎝ 폭으로 어슷하게 썬 바나나를 3조각 늘어놓고, 3㎝로 깍둑썬 로키로드를 3개 담는다.

2 로키로드 1개에 라즈베리 잼을 끼얹고, 카카오닙스와 피스타치오 조각을 뿌린다.

샤포 드 파이유

수제 누텔라, 생크림, 딸기

사용하는 빵

크루아상

샌드위치에 사용하기 위해 부드럽게 씹히도록 만든 크루아상. 향이 풍부한 발효 버터를 사용하고, 밀가루는 풍미가 좋고 오븐에서 잘 부풀어 오르는 홋카이도산 밀가루와 깊은 맛의 프랑스산 밀가루를 같은 비율로 배합했다.

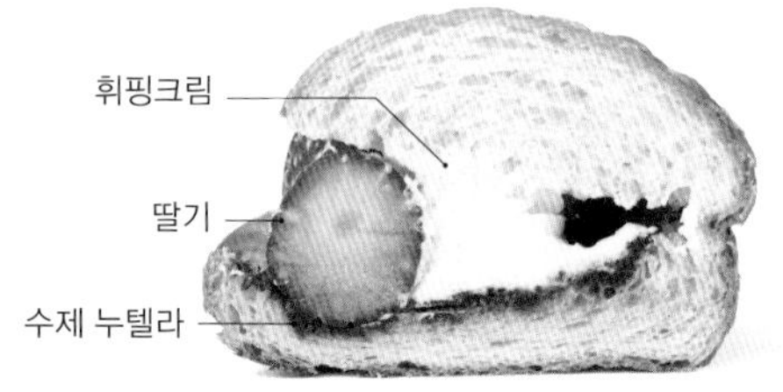

이탈리아의 코코아 헤이즐넛 스프레드 '누텔라'를 직접 만들어 제철 과일과 함께 넣은 간식 샌드위치. 누텔라에 사용하는 헤이즐넛은 알갱이가 남을 정도로 부숴서 향과 식감이 잘 느껴지게 했다. 우유 맛이 나는 휘핑크림이 견과류의 풍미와 딸기의 단맛을 돋보이게 한다.

INGREDIENT

크루아상 …… 1개
수제 누텔라*1 …… 20g
휘핑크림*2 …… 15g
딸기 …… 25g

***1 수제 누텔라**

헤이즐넛 …… 1㎏
분당 …… 480g
코코아 파우더 …… 165g
소금 …… 5g
화이트초콜릿 …… 60g

1 헤이즐넛을 160℃ 오븐에 10분간 구운 후, 푸드프로세서로 분쇄한다.
2 분당, 코코아 파우더, 소금, 화이트초콜릿을 넣고 더 갈아준다.

***2 휘핑크림**

생크림(유지방분 35%)에 중량의 10%만큼 설탕을 넣고 거품을 단단히 낸다.

HOW TO MAKE

1 빵에 가로로 칼집을 내고, 아랫면에 수제 누텔라를 바른다.

2 휘핑크림을 올리고, 딸기를 늘어놓는다.

33(산주산)

무자비하게 맛있는 샌드위치

사용하는 빵

단호박 빵

홋카이도산 준강력분에 달걀노른자, 버터, 단호박 페이스트를 배합했다. 브리오슈처럼 진한 맛의 반죽을 70g으로 분할해, 폭신 쫄깃한 식감으로 구웠다. 감칠맛 나는 새콤달콤한 크림에 잘 어울린다.

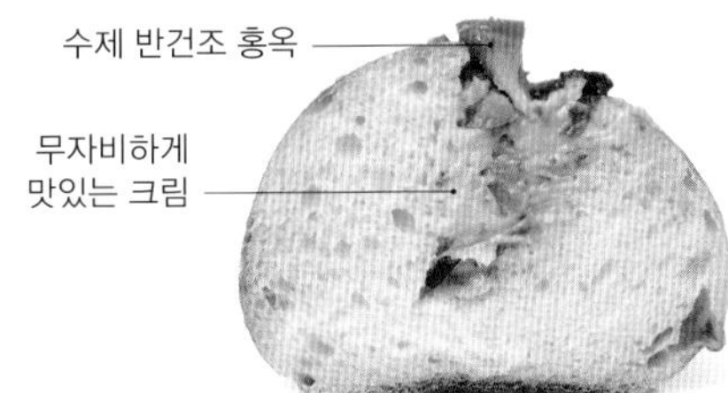

크림치즈에 딸기 발사믹 식초 조림과 보늬밤 설탕 조림, 단바 검은콩 설탕 조림을 혼합했다. 껍질 있는 홍옥에 미림과 화이트 와인의 풍미를 입힌 수제 반건조 사과를 작은 빵 속에 넣었다. 딸기는 식품 건조기에 반건조하고, 레드 와인과 발사믹 식초에 조려서 젤리 같은 식감을 냈다.

INGREDIENT

단호박 빵 …… 1개
무자비하게 맛있는 크림*1 …… 35g
수제 반건조 홍옥*2 …… 2조각

***1 무자비하게 맛있는 크림**

크림치즈 …… 1㎏
보늬밤 설탕 조림 …… 300g
단바 검은콩 설탕 조림 …… 300g
딸기 발사믹 식초 조림*3 …… 400g

실온에 두어 부드럽게 만든 크림치즈에 모든 재료를 넣고 섞는다.

***2 수제 반건조 홍옥**

홍옥 사과 …… 적당량
그래뉴당 …… 사과 중량의 30%
미림 …… 그래뉴당 중량의 70%
화이트 와인 …… 적당량

1 홍옥 사과는 심을 제거하고, 껍질째 1/4로 자른다.
2 동 냄비에 그래뉴당을 중불로 녹이고, 미림과 사과를 넣는다.
3 사과가 잠길 정도로 화이트 와인을 붓고, 15분간 끓인다. 불을 끄고 하룻밤 동안 둔다.
4 물기를 빼고, 60℃ 식품 건조기에 10시간 동안 말린다.
5 4㎜ 두께로 썬다.

***3 딸기 발사믹 식초 조림**

딸기 …… 1㎏
그래뉴당 …… 250g
레드 와인 …… 250g
발사믹 식초 …… 250g

1 꼭지를 뗀 딸기를 60℃ 식품 건조기에 10시간 동안 말린다.
2 1과 다른 재료를 냄비에 넣고, 걸쭉해질 때까지 조린다.

HOW TO MAKE

1 빵에 칼집을 넣고, 무자비하게 맛있는 크림을 바른다.
2 수제 반건조 홍옥을 올린다.

맛있는 요리 빵 베이커리 하나비

과일 오하기 샌드위치

사용하는 빵

소프트 프랑스

오하기를 형상화해 홍미와 흑미 등을 혼합한 오색미를 반죽 대비 20% 배합했다. 톡톡 터지는 식감이 재미있다. 연유와 마가린을 넣어 단맛과 감칠맛이 나고, 베어 먹기 좋다.

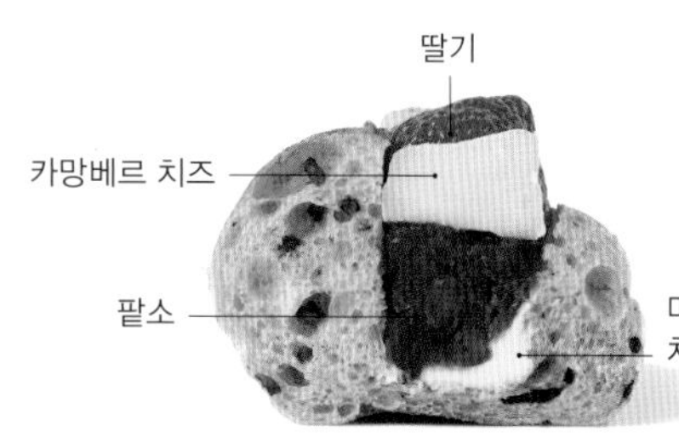

오하기(일본 떡의 일종)를 형상화한 오색미 빵에 마스카르포네 치즈와 팥소를 넣고, 딸기와 카망베르 치즈를 교대로 놓아, 보기에도 독특한 동양적인 디저트 샌드위치. 팥소의 단맛과 마스카르포네 치즈의 감칠맛, 카망베르 치즈의 짠맛, 딸기의 산미가 절묘한 조화를 이룬다.

INGREDIENT

소프트 프랑스 …… 1개
마스카르포네 치즈 …… 10g
팥소 …… 80g
카망베르 치즈 …… 1/4개 분량(25g)
딸기 …… 1.5알

HOW TO MAKE

1 빵 위에 칼집을 내고, 모든 단면에 마스카르포네 치즈를 바른다.

2 팥소를 넣고, 카망베르 치즈와 반으로 자른 딸기를 교대로 놓는다.

비버 브레드

앙버터

사용하는 빵

밀크 프랑스

옛날식 프랑스 빵이 떠오르는, 우유를 넣어 일반적인 바게트보다 식감이 부드럽고 가벼운 작은 빵. 바삭한 크러스트, 담백한 크럼은 다양한 재료와 잘 어울린다.

겉은 바삭 고소하고 속은 촉촉한, 우유가 든 소프트 프랑스 빵 속에 단맛을 줄인 팥소와 AOP 인증 프랑스산 발효 버터를 넣었다. 매끈한 질감의 팥소는 빵 아랫면에 듬뿍 바른다. 버터를 막대 모양으로 잘라서 올리면 버터의 식감과 크리미하게 녹는 맛을 즐길 수 있다.

INGREDIENT

밀크 프랑스 …… 1개
팥소 …… 40g
발효 버터(에쉬레)*1 …… 20g

***1 발효 버터**
두께 5㎜, 폭 2㎝×길이 6㎝의 막대 모양으로 자른다.

HOW TO MAKE

1 빵에 가로로 칼집을 낸다.

2 팥소를 아랫면 전체에 균일하게 바른다.

3 발효 버터 2조각을 아랫면 가운데에 세로로 길게 넣는다.

맛있는 요리 빵 베이커리 하나비

프렌치 과일 샌드위치

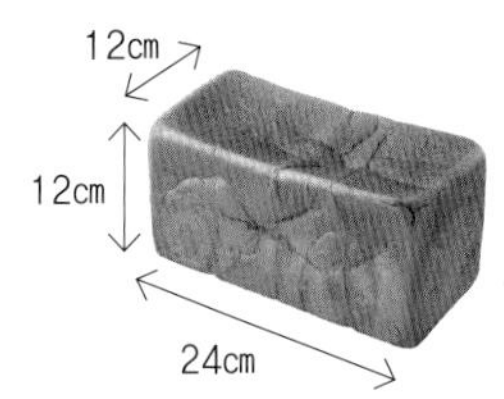

사용하는 빵

식빵

탕종으로 반죽해 쫄깃한 식감이 특징인 식빵. 생식빵 같은 맛을 내기 위해 버터와 생크림을 각각 밀가루 대비 10%, 20%를 넣어 진한 반죽을 만든다.

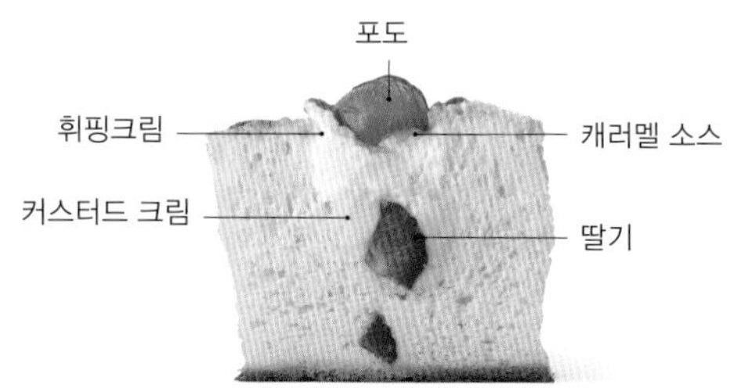

한여름에도 산뜻하게 먹을 수 있도록, 냉장 판매하는 디저트 샌드위치로 개발했다. 식빵은 두툼하게 썰고 아파레유에 하룻밤 재워 맛이 충분히 스며들게 한다. 휘핑크림과 알록달록한 과일에, 씁쓸한 수제 캐러멜 소스를 더해 색감과 맛의 포인트를 준다.

INGREDIENT

식빵(통 식빵을 4장으로 자른 것) …… 1/2장
아파레유*1 …… 적당량
커스터드 크림*2 …… 30g
휘핑크림*3 …… 30g
딸기, 포도 …… 2알씩
캐러멜 소스*4 …… 소량

***1 아파레유**

달걀(10개), 우유(1ℓ), 그래뉴당(50g), 바닐라 에센스(약간)를 고루 섞는다.

***2 커스터드 크림**

냄비에 우유(900g)와 생크림(100g)을 넣고, 불에 올려서 끓기 직전까지 데운다. 볼에 달걀노른자(240g), 그래뉴당(200g), 바닐라 페이스트(5g)를 넣고, 뽀얗게 될 때까지 휘젓다가 박력분(80g)을 넣는다. 데운 우유와 생크림을 넣어 섞고, 체에 거르며 냄비에 다시 넣는다. 저으면서 가열하다가 걸쭉해지면 버터(50g)를 넣고 섞는다.

***3 휘핑크림**

생크림(유지방분 42%, 1ℓ)에 그래뉴당(150g)을 넣어 거품을 내고, 마스카르포네 치즈(500g)를 넣고 섞는다.

***4 캐러멜 소스**

그래뉴당(1.2㎏)을 불에 올려서 캐러멜을 만들고, 생크림(유지방분 42%, 1ℓ)을 넣어 소스를 만든다.

HOW TO MAKE

1 반으로 자른 빵의 단면에 칼집을 내고, 아파레유에 담가서 하룻밤 동안 둔다.

2 160℃ 오븐에 15분간 굽는다.

3 빵 속에 커스터드 크림과 휘핑크림을 넣는다.

4 자른 딸기와 포도로 장식하고, 캐러멜 소스를 끼얹는다.

생 드 구르망

수제 아이스크림 샌드위치

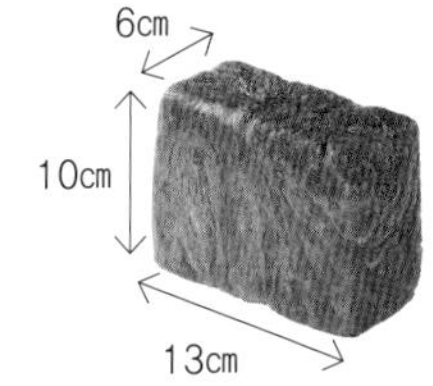

사용하는 빵

크루아상 브릭

식빵 모양으로 굽는 '크루아상 브릭'은 발효 버터의 풍부한 풍미가 특색이다. 데우면 바삭바삭 가벼운 식감이 나고, 버터의 풍미도 더욱 살아난다.

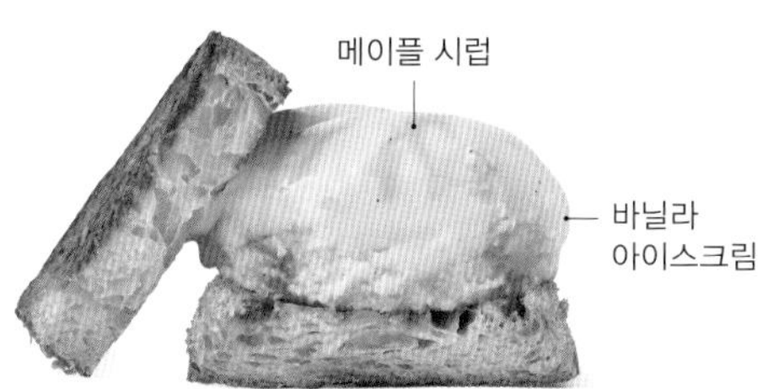

디저트로 먹을 수 있는 샌드위치로 개발. 발효 버터 향이 나는 크루아상 식빵 사이에 바닐라 향이 풍부한 수제 아이스크림을 호사스럽게 넣었다. 졸인 메이플 시럽의 농축된 단맛과 크루아상의 짭짤함이 바닐라 아이스크림의 진한 맛을 돋보이게 한다.

INGREDIENT

크루아상 브릭(1㎝ 두께로 자른 것) …… 2장
바닐라 아이스크림*1 …… 60g
메이플 시럽*2 …… 적당량

***1 바닐라 아이스크림**

달걀노른자 …… 10개 분량
그래뉴당 …… 160g
우유 …… 1ℓ
생크림(유지방분 35%) …… 250㎖
바닐라 빈 …… 1/2개

1 달걀노른자에 그래뉴당 80g씩 두 번에 나누어 넣고, 뽀얗게 될 때까지 거품기로 휘젓는다.
2 우유, 생크림, 바닐라 빈 1/2개를 넣고 끓기 직전까지 데운다. 1에 조금씩 부으며 섞는다.
3 2를 냄비에 다시 넣고, 약불로 83℃가 될 때까지 가열한 다음, 체에 거른다. 하룻밤 동안 냉장실에서 휴지시키고, 다음 날 아이스크림 기계에 넣고 돌린다.

***2 메이플 시럽**

메이플 시럽(라이트)을 양이 2/3로 줄어들 때까지 졸인다.

HOW TO MAKE

1 빵 2장을 노릇하게 토스트한다.
2 바닐라 아이스크림을 방추형으로 떠서 1의 1장에 3개 올린다.
3 메이플 시럽을 끼얹는다.

샤포 드 파이유

블루치즈, 꿀, 호두

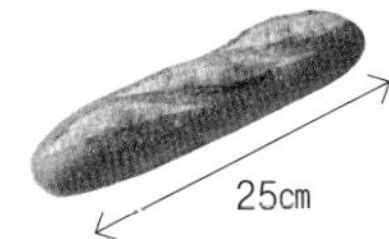

사용하는 빵

바게트

반죽에 참기름을 넣어 고소함을 더하고, 씹는 맛이 좋게 만든 바게트. 저온에서 장시간 발효해 쫄깃하고, 크러스트는 얇고 바삭하다. 아래의 사진은 반으로 자른 것(12.5㎝).

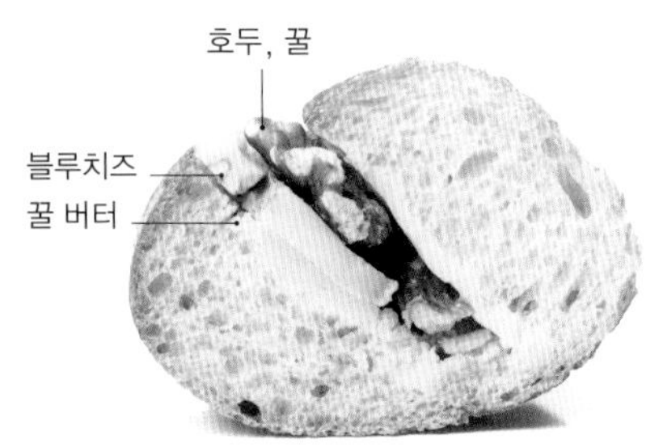

셰프가 프랑스에서 근무할 때, 직원 식사로 먹고 충격을 받았다는 추억의 샌드위치. 블루치즈는 손님이 먹기 편하게 순한 맛의 제품을 선택했다. 꿀과 버터는 핸드 믹서로 휘저어 매끈하게 만들고, 호두는 속까지 갈색을 띠도록 충분히 굽는다.

INGREDIENT 2개 분량

바게트 …… 1개
꿀 버터*1 …… 13g
블루치즈 …… 35g
호두*2 …… 20g
꿀 …… 10g

***1 꿀 버터**
꿀과 버터를 1:1로 섞는다.

***2 호두**
160℃ 오븐에 10분간 굽는다.

HOW TO MAKE

1 빵에 가로로 칼집을 내고, 모든 단면에 꿀 버터를 바른다.

2 5㎜ 두께로 썬 블루치즈를 올린다.

3 호두를 올리고, 그 위에 꿀을 끼얹는다. 반으로 자른다.

베이커리 틱택

사과 콩포트, 무화과 레드 와인 조림, 고르곤졸라, 허브 샐러드 포카치아 샌드위치

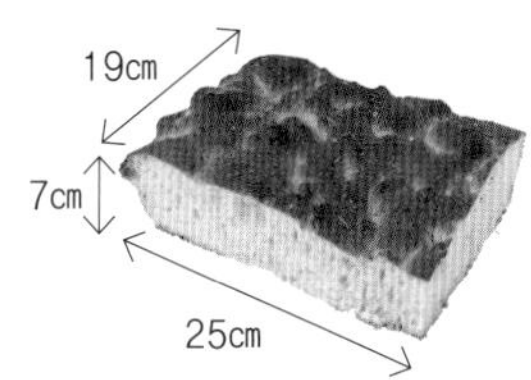

사용하는 빵

포카치아

홋카이도산 밀가루인 하루요코이 등을 배합한 반죽은 적당히 부드럽고 깊은 맛이 난다. 로즈메리, 세이지, 마조람을 직접 혼합한 향신료인 에르브 드 프로방스와 플뢰르 드 셀을 뿌려서 구운 풍부한 향의 빵.

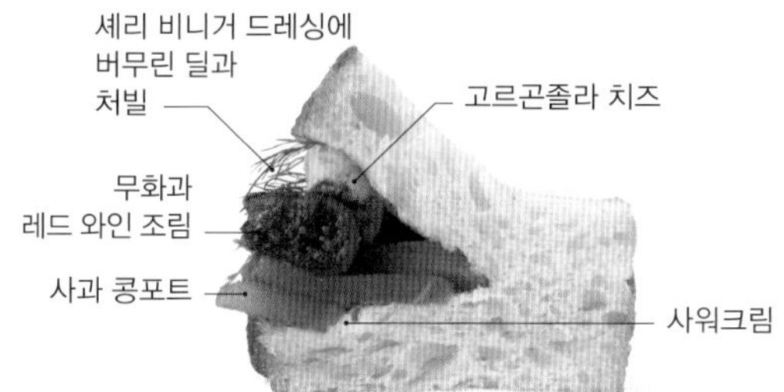

비스트로 요리를 형상화해, 와인에 어울리는 샌드위치를 고안했다. 술과 함께 먹는 샌드위치에 걸맞게 짭짤하고 향긋한 포카치아를 조합했다. 맛에 변주를 주기 위해 고르곤졸라 치즈를 군데군데 넣었다. 과일과 잘 어울리는 허브는 드레싱에 버무려 샐러드 느낌을 냈다.

INGREDIENT

포카치아 …… 65g
사워크림 …… 5g
사과 콩포트*1 …… 28g
무화과 레드 와인 조림*2 …… 10g
고르곤졸라 치즈 …… 3g
딜, 처빌 …… 합계 1g
셰리 비니거 드레싱(31쪽 참조) …… 0.5g

***1 사과 콩포트**

껍질을 벗긴 사과를 반으로 자르고, 씨 부분을 도려낸다. 물과 설탕을 1:1로 만든 시럽에 조리고, 시럽에 담근 채로 식힌다. 약 5㎜ 두께로 썰고, 시나몬 파우더를 묻힌다.

***2 무화과 레드 와인 조림**

꼭지를 제거한 건무화과(2㎏), 레드 와인(1.5㎏), 시나몬 스틱(1/2개), 팔각(4개), 월계수 잎(2장)을 냄비에 넣고 불에 올린다. 끓으면 뭉근한 불로 줄여 백설탕(500g)을 넣고, 작은 뚜껑을 밀착시켜 덮고 30분간 조린다.

HOW TO MAKE

1 크게 구운 빵을 10×3.5㎝, 높이 7㎝로 자르고, 위에 칼집을 내서 옆으로 눕힌다. 아랫면에 사워크림을 바른다.

2 사과 콩포트와 무화과 레드 와인 조림을 넣고, 고르곤졸라 치즈를 흩뿌린다.

3 딜과 처빌을 셰리 비니거 드레싱에 버무린 다음 2에 끼워 넣는다.

취재 점포 일람

* 점포 정보는 원서 출간일을 기준으로 하며, 현재와 다를 수 있습니다.

그루페토

gruppetto

평일에는 약 250명, 주말에는 약 350명의 손님이 찾아오는 인기 점포. '방문할 때마다 신상품이 있는 가게'를 목표로, 제철 재료를 이용해 새로운 메뉴를 끊임없이 연구한다. 상시 준비하는 15가지 샌드위치도 매일 바뀐다. '임팩트와 독창성이 있고, 색감도 다채로우며 재료의 존재감이 돋보이는 샌드위치를 선보이기 위해 노력한다'는 점주 후루사와 신고 씨. 마요네즈와 같은 소스를 굳이 고루 바르지 않고, 포인트가 되는 재료를 무작위로 배치하는 등, 맛에 변주를 주는 것도 특징이다.

오사카부 이케다시 하타 3-9-11
전화 072-737-6910
9시~17시(품절 시 영업 종료)
월·화·금 휴무
인스타그램 @gruppetto_bakery

다카노 팽

& TAKANO PAIN

'일상 속에서 비일상을'이라는 콘셉트로, 도쿄 하스네의 주택가에 오픈했다. 약 4.5평의 매장에는 점주 다카노 류이치 씨가 굽는 식사 빵, 과자 빵, 조리 빵 60~70가지와 아내 에리 씨가 만드는 샌드위치 7~8가지가 진열되어 있다. 그중에서도 탕종빵, 저온 장시간 발효빵, 오곡빵 등 4가지 식빵은 매일 품절되는 인기 상품이다. 손님은 인근의 가족층이 중심을 이루며, 지역 주민 손님의 요구에 맞춘 푸짐한 빵도 내놓는다.

도쿄도 이타바시구 하스네 2-30-8
전화 080-3513-4529
11시 30분~20시(품절 시 영업 종료)
월·화요일 휴무, 일요일 비정기 휴무
인스타그램 @takanopain

더 루츠 네이버후드 베이커리

THE ROOTS neighborhood bakery

점주 미우라 히로시 씨는 '술과 식사에 어울리는 빵'을 테마로 무게를 달아서 파는 캄파뉴 등 하드 계열 빵에 주력하고 있다. 인근 레스토랑과의 도매 거래도 적극적으로 진행하고 있다. 이곳에서는 레스토랑 요리처럼 손이 많이 가는 샌드위치를 10가지 이상 판매해 인기를 얻고 있다. 비정기적으로 카레 전문점 등 다른 점포에서 재료를 매입해 컬래버레이션 샌드위치에도 도전하며, 콘셉트 중 하나인 '빵을 통한 커뮤니케이션'을 샌드위치로 실현하고 있다.

후쿠오카현 후쿠오카시 주오구 야쿠인 4-18-7
전화 092-526-0150
9시~19시
월요일 휴무
인스타그램 @therootsbakery

맛있는 요리 빵 베이커리 하나비

BAKERY HANABI

도쿄 긴시초에서 선술집을 운영하는 간사쿠 히데유키 씨가 오픈한 베이커리. 일본인에게 친숙한 빵을 주로 생산하면서, 주방장의 경험에서 나온 비법을 적용한 기발한 빵도 선보인다. 모든 샌드위치에는 채소를 듬뿍 넣는 것이 원칙이며, 보는 즐거움과 푸짐함도 중시한다. 주말에만 판매하는 '맛있는 요리 빵' 시리즈는 비스트로 요리를 그대로 빵으로 재현하는 특별한 샌드위치로 호평을 받고 있다.

도쿄도 스미다구 가메자와 4-8-5
전화 03-6284-1825
8시~19시
화요일 휴무
bakeryhanabi.com

모어댄 베이커리

MORETHAN BAKERY

도쿄 니시신주쿠의 호텔 '더 노트 도쿄 신주쿠' 1층에 자리하고 있다. 약 18평의 매장에는 식사 빵을 비롯해 베이글, 도넛 같은 미국식 제품, 수제 재료로 만드는 푸짐한 샌드위치 등 약 50가지가 진열되어 있다. 또한, 비건을 위한 아이템만을 판매하는 '선데이 비건 베이커리'를 매주 일요일에 연다. 채소 카레빵, 다진 고기를 넣지 않은 크로켓 버거 등을 판매해 좋은 반응을 얻고 있다.

도쿄도 신주쿠구 니시신주쿠 4-31-1 1층
전화 03-6276-7635
8시~18시, 연중무휴
mothersgroup.jp/shop/morethan_bakery.html

베이커리 틱택

Bakery Tick Tack

'레스토랑 기노시타'(도쿄 산구바시)에서 요리를, '블랑제리 세이지 아사쿠라'(도쿄 다카나와다이)에서 빵을 배운 고시이시 고이치 씨가 와카야마에 개업했다. 11가지의 샌드위치는 잎채소 중에서 비교적 신선도가 오래 유지되는 케일을 사용하는 등 '맛의 지속성'을 중시한다. 주재료와 소스의 조합을 고려할 때는 '산미'를 중시해, 사워크림과 감귤, 적양배추 마리네, 머스터드 등을 구분해서 사용한다.

와카야마현 와카야마시 소노베 637-1 로얄 하이츠 요시다 1층
전화 073-488-2954
9시~18시, 월요일 휴무
ticktack.theshop.jp

베이크하우스 옐로나이프

Bakehouse Yellowknife

레스토랑과 카페에서 경험을 쌓은 야마베 준야 씨가 부모님이 운영하는 베이커리 '옐로나이프'에 합류하며 오너가 되었다. '동전 하나로 살 수 있는 샌드위치 하나로 속이 든든해지도록' 모든 샌드위치 메뉴는 재료가 비어져 나올 만큼 푸짐하게 제공된다. 재료는 어머니 사치에 씨가 담당한다. 우엉볶음, 달걀말이 등 친숙한 반찬은 물론, 태국의 '가이양'이나 이탈리아의 '폴페티니' 등 다국적 아이템도 갖추어서 단골손님이 지루해할 틈이 없다.

사이타마현 사이타마시 우라와구 나카초 3-3-11
전화 048-716-6403
6시~15시(품절 시 영업 종료)
월 · 화요일 휴무
yellowknife.hippy.jp

블랑 아 라 메종

Blanc à la maison

도쿄 도라노몬의 프렌치 레스토랑 '블랑'을 이전해 리뉴얼하는 형태로 사이타마 오오미야에 개업했다. 베이커리 '블랑 아 라 메종'과 프렌치 레스토랑 '블랑', 파티스리 '마사유키 나카무라 바이 블랑' 세 점포가 붙어 있다. 샌드위치는 셰프 오오타니 요헤이 씨가 사용할 재료를 선정하면, 블랑제 와다 쇼고 씨가 그에 맞는 빵을 만드는 것이 기본 스타일. 제철 재료로 만드는 정통 요리와, 향이 풍부하고 개성이 넘치는 빵의 조합을 즐길 수 있다.

사이타마현 사이타마시 주오구 가미오치아이 8-3-26
전화 048-708-0455
8시~18시
월요일 휴무, 화요일 비정기 휴무
인스타그램 @blanc_a_la_maison

비버 브레드

BEAVER BREAD

오래된 프랑스 요리 전문점에서 셰프 블랑제로 근무한 와리타 겐이치 씨가 '지역에 뿌리를 내린 빵집'을 목표로 도쿄 히가시니혼바시에 오픈했다. 약 3평의 매장에는 기본 아이템에 본인만의 기술을 더해 독창성을 표현한 과자 빵과 인기 레스토랑 셰프와 협업한 조리 빵, 국산 밀가루로 만드는 하드 계열 빵 등, 다양한 아이템이 100가지 이상 진열되어 있다. 고객층은 지역 주민 손님을 포함해 멀리서 오는 손님도 많아서, 하루 종일 줄이 끊이지 않는 인기 점포.

도쿄도 주오구 히가시니혼바시 3-4-3
전화 03-6661-7145
8시~19시, 토 · 일요일, 공휴일 8시~18시
월 · 화요일 휴무
인스타그램 @beaver.bread

33(산주산)

San ju san

2020년, 가나가와 아야세에 '일본식 빵집'을 개업한 대만 출신 점주 아지로 미레이 씨가 2022년에 '33'을 도쿄 하치만야마에 이전 오픈했다. 고슈카이도 인근에 자리한 점포는 약 18평. 6평 남짓한 매장에는 건과일을 비롯한 수제 재료와 다양한 수제 효모종으로 만드는 30~40가지 빵이 진열되어 있다. '말차 크림×수제 반건조 홍옥' 등, 재료 간의 독특한 조합도 반응이 좋아서 줄을 서서 사 갈 만큼 인기가 있다.

도쿄도 세타가야구 가미키타자와 4-34-12
전화 090-6499-0033
10시~품절 시까지
일 · 월 · 화요일 비정기 휴무
인스타그램 @sanjusan1119

샌드위치 앤 코

Sandwich & Co

샌드위치를 너무 좋아해서 직접 만든 샌드위치를 매일 SNS에 올린 스즈키 사오리 씨가 가족과 함께 연 가게. 매장에 상시 진열하는 샌드위치는 약 10가지. '내 아이에게 먹일 수 있는 것'을 기준으로 안심이 되는 식재료와 직접 만든 조미료를 사용하고, 샌드위치 하나로 영양을 균형 있게 섭취하도록 탄수화물, 단백질, 채소, 달걀을 가득 담아낸다. 남편 고타 씨가 만드는 푸짐한 파니니도 반응이 좋다.

도쿄도 세타가야구 쓰루마키 5-6-16-103
전화 없음
10시~17시(품절 시 영업 종료)
목 · 금요일 휴무
인스타그램 @sandwichandco_setagaya

생 드 구르망

saint de gourmand

도쿄의 프랑스 요리 전문점에서 셰프로 경험을 쌓은 점주 호시 아키노 씨가 거주지인 아사쿠사에서 가까운 오시아게에 개업했다. '프랑스 요리를 부담 없이 즐기길 바란다'라는 마음으로, 파테 드 캄파뉴, 코르동 블뢰처럼 정통 프랑스 부식을 하드 계열 빵에 넣은 '프렌치 샌드위치'를 콘셉트로 내세웠다. 메뉴는 바게트 샌드위치, 캄파뉴 샌드위치 등 11가지. 좌석이 10개 마련된 가게 안에서는 방금 만든 샌드위치를 즐길 수 있다.

도쿄도 스미다구 나리히라 2-19-10 빌라 나리히라 101
전화 03-5809-7482
11시~17시(16시 30분 마지막 주문, 품절 시 영업 종료)
수요일 휴무(공휴일에는 영업, 다음 날 목요일 휴무)
인스타그램 @saint_de_gourmand

샤포 드 파이유

Chapeau de paille

점주 가미오카 오사무 씨는 파티시에 수련 시절, 프랑스에서 먹은 카스 크루트에 감동해 현지의 맛을 즐길 수 있는 샌드위치 전문점을 열기로 결심했다. 도쿄에서 샌드위치 푸드트럭을 운영하다가 '샤포 드 파이유'를 개업했다. 샌드위치는 약 15가지로, 모두 바게트와 버터 본연의 맛을 해치지 않는 것을 큰 전제로 한다. 재료도 '프랑스의 향이 감도는 것'을 테마로, 햄과 치즈 등으로 심플하게 조합한다.

지바현 지바시 이나게구 미나미초 1-21-3 가타야마 다이이치 빌딩 1층
전화 043-356-4959
6시~17시(품절 시 영업 종료)
월요일 휴무
chapeau-de-paille.jp

치쿠테 베이커리

CICOUTE BAKERY

2001년 도쿄 마치다에 개업했다가 2013년에 도쿄 미나미오오사와에 이전 오픈했다. 점주 기타무라 지사토 씨는 '생산자의 이름과 얼굴을 내건 정직한 재료로 만든 심플하고 맛있는 빵을 제공'하고자 개업 초기부터 국산 밀가루와 수제 배양 발효종을 사용한다. 밀 본연의 맛을 온전히 살리기 위해 자가 제분에도 힘쓰고 있다. 약 12평의 매장에 진열된 빵은 50~60가지. 제대로 구워낸 식사 빵과 재료가 듬뿍 든 샌드위치를 찾는 손님으로 마감 전까지 줄이 이어지는 인기를 자랑한다.

도쿄도 하치오지시 미나미오오사와 3-9-5
전화 042-675-3585
11시 30분~16시 30분
월 · 화요일 휴무
cicoute-bakery.com

크래프트 샌드위치

Craft Sandwich

바게트 속에 재료를 듬뿍 넣은 샌드위치가 인기. 메뉴는 로스트 치킨, 생햄, 생선, 채소 4가지를 기본으로, 기간 한정 샌드위치와 샐러드, 포타주 수프와의 세트 메뉴도 준비되어 있다. 점주인 조던 코레이 씨는 프랑스 출신으로, 라타투이 등 할머니의 레시피를 기본으로 하여 여행지에서 접한 세계 각국의 요리를 샌드위치에 도입한다. 로스트비프와 소스도 직접 만든다.

아이치현 나고야시 지쿠사구 이마이케 5-21-6 1층
전화 070-1612-1208
10시~15시(품절 시 영업 종료)
일요일 휴무
인스타그램 @craftsandwich

팽 가라토 블랑제리 카페

Pain KARATO Boulangerie Cafe

버터와 생크림을 99.9% 배제한 '채소의 미식'을 내세우는 프렌치 레스토랑 '퀴미에르'가 운영하는 베이커리 카페. 그래서인지 프랑스 요리의 요소를 도입한 샌드위치가 많다. 입에 넣을 때의 첫인상, 씹었을 때 느껴지는 빵과 재료의 식감, 목으로 넘어간 후의 여운. 이렇게 3가지 단계로 나누어 즐기는 일품요리와 같은 샌드위치를, 오너 셰프 가라토 야스시 씨와 점포 책임자 와타나베 가즈노리 씨가 끊임없이 만들어보며 상품화한다.

오사카부 오사카시 주오구 기타하마 1-9-8 더 로얄 파크 캔버스 오사카 기타하마 1층
전화 06-6575-7540
8시~20시, 연중무휴
pain-karato.com

팽 스톡(덴진점)

pain stock

2010년 후쿠오카 하코자키에 개업해, 지금은 전국 최고 수준의 인지도를 자랑하는 '팽 스톡'. 덴진점은 후쿠오카 구루메시의 인기 로스팅 카페 '커피 카운티'와의 협업으로 오픈한 2호점이다. 번화가 근처의 공원 내에 위치해, 직장인과 관광객의 방문도 많아서 모닝 플레이트, 샌드위치처럼 바로 먹을 수 있는 상품에도 주력하고 있다. 샌드위치는 오너 셰프 히라야마 데쓰오 씨뿐만 아니라 직원이 개발한 것도 많다.

후쿠오카 후쿠오카시 주오구 니시나카스 6-17
전화 092-406-5178
8시~19시
월요일 · 1, 3번째 화요일 휴무
인스타그램 @pain_stock_tenjin

점포별 인덱스

＊ 이 책에 실린 샌드위치를 점포명으로 찾는 색인입니다.

그루페토
gruppetto

다카노 팽
& TAKANO PAIN

더 루츠 네이버후드 베이커리
THE ROOTS neighborhood bakery

맛있는 요리 빵 베이커리 하나비
BAKERY HANABI

모어댄 베이커리
MORETHAN BAKERY

베이커리 틱택
Bakery Tick Tack

베이크하우스 옐로나이프
Bakehouse Yellowknife

블랑 아 라 메종
Blanc à la maison

비버 브레드
BEAVER BREAD

33(산주산)
San ju san

샌드위치 앤 코
Sandwich & Co

생 드 구르망
saint de gourmand

브랜뉴 샌드위치

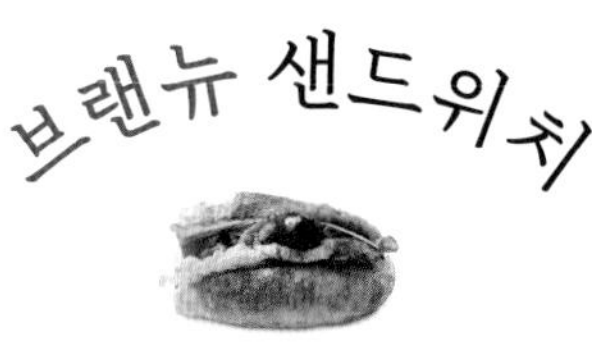

발행일 2024년 06월 19일 초판 1쇄 발행
엮은이 시바타쇼텐
옮긴이 조수연
발행인 강학경
발행처 시그마북스
마케팅 정제용
에디터 양수진, 최연정, 최윤정
디자인 정민애, 강경희, 김문배

등록번호 제10-965호
주소 서울특별시 영등포구 양평로 22길 21 선유도코오롱디지털타워 A402호
전자우편 sigmabooks@spress.co.kr
홈페이지 http://www.sigmabooks.co.kr
전화 (02) 2062-5288~9
팩시밀리 (02) 323-4197
ISBN 979-11-6862-251-7 (13590)